编 委 会

高职高专项目导向系列教材

化学分析技术

王　新　主编
王英健　主审

化学工业出版社

·北京·

本书按照"行动导向，先会后懂，理实一体"的教学理念重组教材结构，以学生的职业能力形成为主线，安排设计了 6 个教学情境，包括：分析检验前准备、酸碱滴定法测定物质含量、配位滴定法测定物质含量、氧化还原滴定法测定物质含量、沉淀滴定法测定物质含量、重量分析法测定物质含量，下设若干个目标任务。开篇情境导入，任务引领，明确任务后展开实训、知识点、学习要点、拓展任务、能力考核等内容的介绍。

本书充分挖掘化学分析在工业产品检测中的典型应用，强调化学分析技能，具有实用性和可操作性，涵盖了较为广泛的化工产品领域的化学分析方法。

本书图文并茂、实例丰富、内容浅显易懂，可作为高职高专工业分析与检验专业、化工技术类专业、环境监测与治理专业的教材，也可供从事分析、化验、商检等工作的技术人员参考。

图书在版编目（CIP）数据

化学分析技术/王新主编 . —北京：化学工业出版社，2012.7（2023.10重印）
高职高专项目导向系列教材
ISBN 978-7-122-14444-7

Ⅰ. 化… Ⅱ. 王… Ⅲ. 化学分析-技术-高等职业教育-教材
Ⅳ. O652

中国版本图书馆 CIP 数据核字（2012）第 117488 号

责任编辑：窦　臻　　　　　　　文字编辑：向　东
责任校对：徐贞珍　　　　　　　装帧设计：刘丽华

出版发行：化学工业出版社（北京市东城区青年湖南街 13 号　邮政编码 100011）
印　　装：北京虎彩文化传播有限公司
787mm×1092mm　1/16　印张 8½　字数 195 千字　2023 年 10 月北京第 1 版第 8 次印刷

购书咨询：010-64518888　　　　　　售后服务：010-64518899
网　　址：http://www.cip.com.cn
凡购买本书，如有缺损质量问题，本社销售中心负责调换。

定　　价：25.00 元

序

辽宁石化职业技术学院是于 2002 年经辽宁省政府审批，辽宁省教育厅与中国石油锦州石化公司联合创办的与石化产业紧密对接的独立高职院校，2010 年被确定为首批"国家骨干高职立项建设学校"。多年来，学院深入探索教育教学改革，不断创新人才培养模式。

2007 年，以于雷教授《高等职业教育工学结合人才培养模式理论与实践》报告为引领，学院正式启动工学结合教学改革，评选出 10 名工学结合教学改革能手，奠定了项目化教材建设的人才基础。

2008 年，制定 7 个专业工学结合人才培养方案，确立 21 门工学结合改革课程，建设 13 门特色校本教材，完成了项目化教材建设的初步探索。

2009 年，伴随辽宁省示范校建设，依托校企合作体制机制优势，多元化投资建成特色产学研实训基地，提供了项目化教材内容实施的环境保障。

2010 年，以戴士弘教授《高职课程的能力本位项目化改造》报告为切入点，广大教师进一步解放思想、更新观念，全面进行项目化课程改造，确立了项目化教材建设的指导理念。

2011 年，围绕国家骨干校建设，学院聘请李学锋教授对教师系统培训"基于工作过程系统化的高职课程开发理论"，校企专家共同构建工学结合课程体系，骨干校各重点建设专业分别形成了符合各自实际、突出各自特色的人才培养模式，并全面开展专业核心课程和带动课程的项目导向教材建设工作。

学院整体规划建设的"项目导向系列教材"包括骨干校 5 个重点建设专业（石油化工生产技术、炼油技术、化工设备维修技术、生产过程自动化技术、工业分析与检验）的专业标准与课程标准，以及 52 门课程的项目导向教材。该系列教材体现了当前高等职业教育先进的教育理念，具体体现在以下几点：

在整体设计上，摈弃了学科本位的学术理论中心设计，采用了社会本位的岗位工作任务流程中心设计，保证了教材的职业性；

在内容编排上，以对行业、企业、岗位的调研为基础，以对职业岗位群的责任、任务、工作流程分析为依据，以实际操作的工作任务为载体组织内容，增加了社会需要的新工艺、新技术、新规范、新理念，保证了教材的实用性；

在教学实施上，以学生的能力发展为本位，以实训条件和网络课程资源为手段，融教、学、做为一体，实现了基础理论、职业素质、操作能力同步，保证了教材的有效性；

在课堂评价上，着重过程性评价，弱化终结性评价，把评价作为提升再学习效能的反馈工具，保证了教材的科学性。

目前，该系列校本教材经过校内应用已收到了满意的教学效果，并已应用到企业员工培训工作中，受到了企业工程技术人员的高度评价，希望能够正式出版。根据他们的建议及实际使用效果，学院组织任课教师、企业专家和出版社编辑，对教材内容和形式再次进行了论证、修改和完善，予以整体立项出版，既是对我院几年来教育教学改革成果的一次总结，也希望能够对兄弟院校的教学改革和行业企业的员工培训有所助益。

感谢长期以来关心和支持我院教育教学改革的各位专家与同仁，感谢全体教职员工的辛勤工作，感谢化学工业出版社的大力支持。欢迎大家对我们的教学改革和本次出版的系列教材提出宝贵意见，以便持续改进。

辽宁石化职业技术学院　院长

2012 年春于锦州

前 言

本教材依据高职教育的培养目标，总结多年教改经验编写而成。打破了传统教材学科体系的构建模式，按照"行动导向，先会后懂，理实一体"的教学理念重组教材结构。按照"工学结合、理论够用为度"的原则选择编写内容，建立以职业能力、职业素质培养为目标，以行动为导向，以工作任务为核心的内容体系。本教材体现如下特点。

1. 突出职业性

根据分析检验岗位核心技能要求的知识点、技能点和化学检验工国家职业标准选取教学内容。以企业目前使用及国家标准推广的分析方法为依据，把企业的实际工作任务作为目标任务载体纳入到教材之中，以利于学生专业能力和职业素质的形成。

2. 理实一体化

以典型工作任务为载体，融知识和能力于一体，将理论知识渗透到实验之中，使学生不再感觉枯燥不易掌握，避免了理论知识与技能操作脱节的现象。较好地实现在"做中学"，在"学中做"的教学做一体化理念。

3. 编写体例新颖

① 以工作任务为引领，将相关知识合理链接，然后是拓展任务和能力考核。连接任务与知识的纽带是问题探究（包括引导行动的问题，解释行动的问题，反思行动的问题），起着承上启下的作用。

$$\text{引领任务} \xrightarrow[\text{（承上启下）}]{\text{问题探究}} \text{知识链接} \longrightarrow \text{拓展任务} \longrightarrow \text{能力考核}$$

② 情境二～六中，将任务抽去，剩余知识点部分，是按照由浅入深，由简单到复杂的认知规律编排的理论知识体系。

这种编排，使教师能够理清教学思路，便于采用行动导向法组织教学；同时使学生在完成工作任务的同时将理论知识消化，理解所学的理论和技能与将来从事职业的关系，对于激发学生的职业兴趣、提高职业技能将会起到促进作用。

4. 本书另配有习题库，方便学生自我检测及巩固学习。（选用本教材的学校请与化学工业出版社联系 cipedu@163.com. 免费索取）。

本书由辽宁石化职业技术学院王新担任主编，辽宁石化职业技术学院牛永鑫参编。全书由辽宁石化职业技术学院王英健教授担任主审。

由于编者水平有限，疏漏和不妥之处在所难免，敬请读者批评指正。

编者

2012 年 3 月

目录

◆ 附录 …………………………………………………………… 118

◆ 参考文献 ………………………………………………………… 122

课程导论

一、分析化学的任务和作用

分析化学是人们获取物质的化学组成与结构信息的科学，即表征和测量的科学。分析化学的任务是对物质进行组成分析和结构鉴定，研究获取物质化学信息的理论和方法。

分析化学在工农业生产及国防建设中更有着重要的作用。分析化学在工业生产中的重要性，主要表现在原材料的选择、加工，半产品、产品质量的检查，工艺流程的控制，新产品的研制，新工艺及技术的革新，进出口商品的检验等方面，均需分析化学提供的信息为依据，所以分析化学被称为工农业生产的"眼睛"；科学研究的"参谋"。

二、分析方法的分类

根据分析的任务、对象、测定原理、试样用量、被测组分含量和具体要求等方面的不同，分析化学的分类有很多方法。

（1）化学分析和仪器分析（见表 0-1）。

表 0-1　化学分析、仪器分析

分　类	化学分析	仪器分析
分析原理和使用仪器不同	以物质的化学反应为基础的分析方法。化学分析法历史悠久，是分析化学的基础，又称为经典分析法。 根据其反应类型、操作方法的不同分为滴定分析法、重量分析法	以物质的物理或物理化学性质为基础，使用特殊的仪器进行分析测定的方法。 根据使用仪器不同可将其分为光学分析法、电化学分析法、色谱分析法等

化学分析和仪器分析是分析化学的重要组成部分。化学分析和仪器分析法是分析化学两大支柱，两者唇齿相依、相辅相成，彼此相得益彰。因此，使用时可根据情况相互配合。

（2）定性分析、定量分析和结构分析（见表 0-2）。

表 0-2　定性分析、定量分析、结构分析

分类	定性分析	定量分析	结构分析
任务	鉴定物质由哪些元素、原子团或化合物所组成，确定物质的化学成分。"含什么"	测定物质中各有关组分的相对含量。"含多少"	研究物质的分子结构或晶体结构，通过其微观结构进一步研究物质的物理、化学等方面的性质

（3）无机分析和有机分析（见表 0-3）。

表 0-3　无机分析和有机分析

分类	无机分析	有机分析
分析对象	无机物，主要鉴定物质的组成和各组分的相对含量	有机物，有机物分析不仅要进行定性、定量分析，更主要的是要进行官能团和分子结构分析

（4）常量分析、半微量分析、微量分析和超微量分析（见表 0-4）。

表 0-4 常量分析、半微量分析、微量分析和超微量分析

分　类	常量分析	半微量分析	微量分析	超微量分析
试样用量/g	>0.1	0.01~0.1	0.0001~0.01	<0.0001
试液体积/mL	>10	1~10	0.01~1	<0.01

（5）常量组分、微量组分和痕量组分分析（见表 0-5）。

表 0-5 常量组分、微量组分和痕量组分分析

分　类	常量组分分析	微量组分分析	痕量组分分析
被测组分在试样中的相对含量/%	>1	0.01~1	<0.01

一般情况下，常量组分分析取样量较多，大都采用化学分析法；而微量组分和痕量组分分析，则采用仪器分析的方法。

（6）常规分析、快速分析和仲裁分析（见表 0-6）。

表 0-6 常规分析、快速分析和仲裁分析

分类	常规分析	快速分析	仲裁分析
工作性质	指厂矿企业实验室配合生产所进行的日常分析,也称之为例行分析	要求在很短的时间内快速给出分析结果	对分析结果有较大差异,产生争议时,则要求具有一定权威的部门进行分析鉴定。称为仲裁分析或裁判分析

三、定量分析一般程序

定量分析的一般过程大体分为四个步骤：

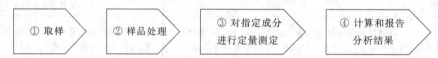

实际上分析是一个复杂的过程，试样的多样性也使分析过程不可能一成不变，因此，对某一试样的具体定量分析过程还要视具体情况而定。

四、化学检验工职业素质要求

分析工作技术本身并没有具体的产品，也不能创造直接效益。如果说它有产品的话，那就是分析结果。没有这些数字和结果，生产和科研就是盲目的。如果报出的分析结果发生错误，将会造成重大经济损失和严重生产后果，乃至使生产和科研走向歧途。可见分析工作者必须要具备良好的素质，才能胜任这一工作，满足生产和科研提出的各种要求。分析工作者需具备以下基本素质：认真负责，实事求是，坚持原则，一丝不苟地依据标准进行检验和判定；努力学习，不断提高基础理论水平和操作技能，同时要有不断创新的开拓精神。

化学分析是一门实践性很强的学科，因此，学习过程中必须注意理论与实践的结合，在注重理论课学习的同时，加强基本操作技术的培养和锻炼。通过实验课的实际动手实践，提高操作技能，并加深对理论知识的理解和掌握，准确地树立"量"的概念。为后续课程的学习和将来的工作及科学研究奠定基础。

分析检验前准备

【情境导入】 作为一名化学分析人员，要完成一项测定任务，必须首先具备一些理论知识和操作技能。本教学情境以此为依据，以八个小的任务为引领、行动为导向，将化学检验工前期具备的理论和技能穿插在一起，以任务带动理论知识的学习，在技能训练中强化理论知识。

引领任务	
任务一　常用分析仪器的认领、洗涤和干燥	任务五　练习酸碱滴定终点
任务二　简单玻璃工操作	任务六　练习试样称量
任务三　配制一般溶液	任务七　校准滴定分析仪器
任务四　分析检验数据记录及处理	任务八　直接法配制标准溶液

任务一　常用分析仪器的认领、洗涤和干燥

【任务描述】

进入化学分析实训室，先来认识常用的分析仪器，这些瓶瓶罐罐就是你今后工作的主要用具。洗涤并按要求干燥部分仪器、观看实验室事故录像、讨论实验室应遵循哪些守则及存在的安全隐患，以便提高安全意识。

【任务实施】

1. 任务准备

（1）容器类　如试管、烧杯、洗瓶、表面皿、锥形瓶、烧瓶、试剂瓶、滴瓶、称量瓶。

（2）量器类　如量筒、移液管、吸量管、容量瓶、滴定管。

（3）其他类　如打孔器、坩埚钳、干燥器、漏斗、洗耳球、点滴板、蒸发皿、研钵等。

2. 操作步骤

（1）介绍实验室安全知识。

（2）认领、核对实验仪器

认识各种仪器的名称和规格；将仪器分类摆放整理于实验柜中。

（3）洗涤所有仪器

洗涤剂：水、去污粉、洗衣粉、洗洁精和铬酸洗液（1/5 容量），根据污物的性质和污染程度来选择适宜的洗涤剂。

毛刷：试管刷、烧杯刷、移液管刷等。

洗涤程序：倒出废液→水洗→洗涤剂洗→水洗→蒸馏水洗。

洗涤原则：少量多次，尽量沥干。

洗净标准：当倒置时，应该以仪器内壁均匀地被水润湿而不成股流下为标准。

（4）干燥仪器

用气流烘干机烘干 1 个容量瓶。

用烘箱将烧杯、称量瓶烘干。

用酒精快速干燥 1 个小具塞锥形瓶，废弃酒精倒入指定的容器中回收。

问题探究

Ⅰ. 玻璃仪器洗干净的标志是什么？洗涤后的玻璃仪器能否用干布或软纸擦干？

Ⅱ. 什么是"少量多次"的洗涤原则？

Ⅲ. 实验室意外事故的处理办法是什么？

Ⅳ. 仪器的干燥方式有哪几种？

知识点一　实验室意外事故的应急处理

化学实验是在一个十分复杂的环境中进行的科学实验，为了保持一个正常的工作环境，避免造成人身伤害、财产损失、环境污染。实验者必须遵守实验室规则，并能够对意外事故采取必要的应急措施。

化学烧伤：由于操作者的皮肤触及到腐蚀性化学试剂所致。

酸蚀：立即用大量水冲洗，然后用 2% 的 $NaHCO_3$ 溶液或稀 $NH_3 \cdot H_2O$ 冲洗，最后再用水冲洗。

碱蚀：先用大量水冲洗，再用约 0.3mol/L HAc 溶液洗，最后用水冲洗。如果碱溅入眼中，则先用 2% 的硼酸溶液洗，再用水洗。

烫伤：可先用稀 $KMnO_4$ 或苦味酸溶液冲洗灼伤处。再在伤口处抹上黄色的苦味酸溶液、烫伤膏或万花油，切勿用水冲洗。

吸入刺激性、有毒气体：当不甚吸入 Cl_2、HCl、溴蒸气时，可吸入少量酒精和乙醚的混合蒸气使之溶解。立即到室外呼吸新鲜空气。

割伤：应先取出伤口内的异物，然后在伤口处涂上红药水或撒上消炎粉后用纱布包扎。

触电：不慎触电时，首先切断电源，必要时进行人工呼吸。

毒物误入口内：将 5～10mL 稀硫酸铜溶液加入一杯温水中，内服后，用手指伸入咽喉部催吐，并立即送医院。

知识点二　仪器洗涤与干燥

实验室常用去污粉、洗衣粉、洗涤剂、洗液、稀盐酸-乙醇、有机溶剂等洗涤玻璃仪器。常用洗涤液的配制见表 1-1。

仪器的干燥就是把沾附在仪器表面的水分除去。仪器干燥的方法很多，见表 1-2。但要根据具体情况选用具体的方法，分析用的玻璃仪器最常用的方法有晾干法和烘干法。

表1-1 常用洗涤液的配制

序号	名称	配制方法	应用
1	合成洗涤液	将洗衣粉等合成洗涤剂配成热溶液	用于一般洗涤
2	铬酸洗液	20g $K_2Cr_2O_7$（工业纯）溶于40mL热水中，冷却后在搅拌下缓慢加入360mL浓的工业硫酸。冷后移入试剂瓶中	用于洗涤油污及有机物，使用时防止被水稀释。用后倒回原瓶，可反复使用，直至变为绿色。可用 $KMnO_4$ 再生
3	纯酸洗液	1+1盐酸、1+1硫酸、1+1硝酸或等体积浓硝酸、浓硫酸均可配制	用于清洗碱性物质沾污或无机物沾污
4	碱性酒精溶液	2.5g KOH溶于少量水中，再用乙醇稀至100mL 或 120g NaOH溶于150mL水中用95%乙醇稀至1L	用于去油污及某些有机物沾污
5	$KMnO_4$ 碱性洗液	4g $KMnO_4$ 溶于80mL水，加入40% NaOH溶液至100mL	可清洗油污及有机物。析出的 MnO_2 可用草酸、浓盐酸、盐酸羟胺等还原除去
6	I_2-KI洗液	1g碘和2g KI溶于水中，稀释至100mL	用于洗涤 $AgNO_3$ 沾污的器皿和白瓷水槽

表1-2 仪器的干燥

干燥方式	操作要领	注意事项
晾干	对不急需使用的、要求一般干燥的仪器，洗净后倒置，控去水分，自然晾干	
烘干	要求无水的仪器在电热恒温干燥箱中于100～200℃烘1h左右	① 干燥仪器时温度不宜过高，一般应控制在100℃以下。 ② 将洗净的仪器倒去积水，将仪器口朝上放置在电热恒温干燥箱的搁板上，关好箱门。 ③ 烘干的仪器取出，一般应在干燥器中保存。 ④ 干燥厚壁仪器，要缓慢升温，以免炸裂。 ⑤ 量器类仪器不可在烘箱中烘干
吹干	控净水后依次用乙醇、乙醚荡洗几次，然后用吹风机或气流烘干机按热、冷风顺序吹干	溶剂要回收
烤干	对急需用的试管，管口向下倾斜，用火焰从管底处依次向管口烘烤	只适于试管
有机溶剂法	先用少量丙酮或酒精使内壁均匀湿润一遍倒出，再用少量乙醚使内壁均匀湿润一遍后晾干或吹干	丙酮、酒精、乙醚要回收

任务考核评价

仪器认领、洗涤

得分合计：_____

项目	考核内容	分值	得分
（一） 实验室意外 应急处理 （30分）	酸蚀：	5	
	碱蚀：	5	
	烫伤：	5	
	割伤：	5	
	触电：	5	
	吸入刺激性、有毒气体：	5	
（二） 仪器的认领（10分）	认识各种仪器	5	
	仪器摆放整齐	5	
（三） 仪器的洗涤 （20分）	洗涤剂的选择正确	5	
	洗涤原则	5	
	洗涤程序正确	5	
	仪器清洗干净	5	
（四） 仪器干燥 （35分）	用气流烘干机烘干容量瓶正确	10	
	用烘箱将烧杯、称量瓶烘干正确	10	
	用酒精干燥小具塞锥形瓶正确,且废弃酒精回收	15	
（五） 文明实验（5分）	穿实验服,文明操作	2	
	实验结束物品归位,摆放整齐	3	

任务二　简单玻璃工操作

【任务描述】

　　简单玻璃工操作是化学检验工基本操作技能，比如玻璃管的切割、弯曲、拉制、熔烧、塞子的钻孔及装配等操作技术。本次任务我们要完成玻璃棒、滴管的制作及洗瓶的装配，保证后续实验使用。

【任务实施】

1. 任务准备

　　（1）仪器　酒精喷灯（图1-1），石棉网，锉刀，打孔器，格尺，火柴。

　　（2）材料　长玻璃管，长玻璃棒，橡皮胶头。

2. 实训操作

　　（1）切割并熔光玻璃棒2根（10cm、16cm各一根）。

　　（2）拉制2支滴管（图1-2）。

　　（3）将塑料瓶装配为洗瓶（图1-3）。

3. 注意事项

　　（1）酒精喷灯的安全使用：检查管道和灯体是否有漏液现象；点燃之前一定要充分预热。

图1-1　酒精喷灯

图1-3　洗瓶

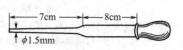

图1-2　滴管

（2）灼热的玻璃管、玻璃棒，要按先后顺放在石棉网上冷却，切不可直接放在实验台上，防止烧焦台面；未冷却之前，也不要用手去摸，防止烫伤手。

（3）装配洗瓶时，拉好玻璃管尖嘴，弯好 60°角后，先装橡皮塞，再弯 120°角，并且注意 60°角与 120°角在同一方向同一平面上。

问题探究

Ⅰ. 玻璃工操作的要领是什么？

Ⅱ. 在用大火加热玻璃管或玻璃棒之前，应先用小火加热，这是为什么？在加工完毕后又需小火"退火"，为什么？

Ⅲ. 在弯制玻璃管时，玻璃管不能烧得过热，在弯成需要的角度时不能在火上直接弯制，为什么？

Ⅳ. 弯制好了的玻璃管，如果和冷的物件接触会发生什么不良的后果？

Ⅴ. 分析弯曲好的玻璃管塌陷的原因。

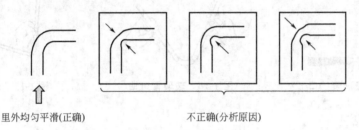

里外均匀平滑(正确)　　　　　　　　　　不正确(分析原因)

知识点三　玻璃加工技术

一、简单玻璃加工

1. **玻璃管、玻璃棒的截断和熔烧**

锉痕：向前锉痕，不是往复锯，见图 1-4。

截断：拇指齐放在划痕的背面向前推压，同时食指向外拉，见图 1-5。

熔光：前后移动并不停转动，熔光截面，见图 1-6。

图 1-4　锉痕　　　　　　　图 1-5　截断　　　　　　　图 1-6　熔光

2. **制备滴管**

烧管：加热时均匀转动，左右移动用力匀称，稍向中间渐推，见图 1-7。

拉管：边旋转，边拉动，控制温度，使细部至所需粗细，见图 1-8。

扩口：滴管口烧至红热后，用金属锉刀柄斜放管口内迅速而均匀旋转，见图 1-9。

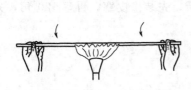

图 1-7　玻璃管加热

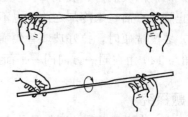

图 1-8　玻璃管拉细

3. 弯曲玻璃管

烧管：见图 1-7。

弯管：两手用力均等，转速缓慢一致，以免玻璃管在火焰中扭曲。加热至玻璃管发黄变软时，即可自火焰中取出，进行弯管，见图 1-10 和图 1-11。

图 1-9　玻璃管扩口

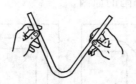

图 1-10　玻璃管弯曲

图 1-11　吹气法弯管

二、塞子钻孔

为了能在塞子上装置玻璃管、温度计等，塞子需预先钻孔。常用的钻孔器（见图 1-12）是一组直径不同的金属管。它的一端有柄，另一端很锋利，可用来钻孔。

选择塞子：塞子的大小应与仪器的口径相适合。

选择钻孔器：选择一个比要插入橡皮塞的玻璃管口径略粗一点的钻孔器，因为橡皮塞有弹性，孔道钻成后由于收缩而使孔径变小。

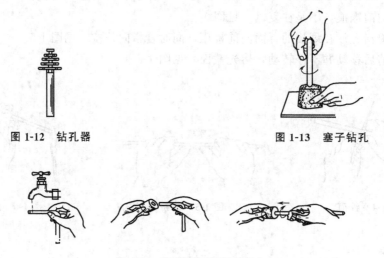

图 1-12　钻孔器　　　　　　　　　　　　　图 1-13　塞子钻孔

图 1-14　导管与塞子的连接

钻孔：将塞子小头朝上平放在实验台上的一块垫板上（避免钻坏台面），按图 1-13 所示沿一个方向，一面旋转一面用力向下钻动。钻孔器要垂直于塞子的面上，并在钻孔器前端涂点甘油或水。钻至深度约达塞子高度一半时，反方向旋转并拔出钻孔器，然后调换塞子大头，对准原孔的方位，按同样的方法钻孔，直到两端的圆孔贯穿为止。

连接：孔钻好以后，检查孔道是否合适。然后按照图1-14所示进行连接。若塞孔略小或不光滑，可用圆锉适当修整。

任务考核评价

玻璃工操作

得分合计：_____

项目	考 核 内 容	分值	得分
（一） 酒精喷灯的使用 （20分）	使用前检查(探针通小孔)	4	
	装酒精,然后倒置	2	
	点燃预热盘	4	
	调节空气流量	2	
	记录喷灯使用起止时间	2	
	熄灭喷灯	4	
	倒出酒精	2	
（二） 玻璃棒的制作 （20分）	长度符合要求	5	
	熔光好	10	
	制作两根	5	
（三） 滴管的制作 （25分）	长度符合要求	5	
	制作两根	5	
	扩口合适	5	
	20滴水约为1mL	10	
（四） 洗瓶的装配 （30分）	60°弯曲适合	4	
	120°弯曲适合	4	
	塞子、打孔器选择正确	4	
	钻孔正确	4	
	塞子与玻璃管连接正确	4	
	洗瓶装配美观合理	10	
（五） 文明实验(5分)	穿实验服,文明操作	2	
	实验结束物品归位	3	

任务三 配制一般溶液

【任务描述】

进行化学分析实验，必须会配制溶液，而要完成这样的工作，需要先了解有关分析实验室用水、化学试剂的知识，以及溶液浓度的计算方法。在本任务中我们要配制下列溶液：铬酸洗液、酸碱烧伤应急处理用溶液、后续实验用酸碱溶液等。

【任务实施】

1. 任务准备

（1）**仪器** 托盘天平、量筒、烧杯、分析天平。

（2）**药品** 浓硫酸（CP）、NaOH固体（AR）、浓盐酸（AR）、$K_2Cr_2O_7$、无水乙醇、

甲基橙、酚酞、$NaHCO_3$、冰醋酸。

2. 实训操作

（1）化学试剂的分类及取用练习

常量液体：选择适宜的量筒，量取 20mL 0.1％ NaCl 溶液倾入 100mL 烧杯中。

少量液体：用滴管吸取 0.1％ NaCl 溶液，并逐滴滴到 10mL 量筒中，记录滴至 1mL 刻度处时的总滴数。记住这个数字，这是不用量筒量取少量溶液的简便方法。

固体：练习称量 1g NaOH 固体。

（2）溶液配制

配制 100mL 2％ $NaHCO_3$ 溶液；100mL 0.3mol/L HAc 溶液；配制 100mL 铬酸洗液；配制 50mL 0.1％甲基橙溶液；50mL 10g/L 酚酞乙醇溶液；配制 500mL 0.1mol/L HCl 溶液；配制 500mL 0.1mol/L NaOH 溶液。

3. 注意事项

（1）强酸强碱使用时注意安全，提防化学烧伤。具有腐蚀性的物体应放入烧杯中称量。

（2）固体药品要完全溶解于水，成为澄清、透明的溶液。浓溶液稀释时，要完全与水均匀混合，成为稀溶液。

（3）将溶液完全溶解放置达到室温后，才能装入试剂瓶中，并贴上标签，标注要清楚。

问题探究

Ⅰ. 为什么稀释浓硫酸时酸向水里倒入？

Ⅱ. 用托盘天平称量固体时，应注意什么？能否用称量纸称量 NaOH 固体？

Ⅲ. 实验室意外事故的处理办法是什么？

Ⅳ. 配制溶液用几级水？

Ⅴ. 配制溶液的一般过程如何？

知识点四 分析实验用水及化学试剂

一、分析实验用水

在分析工作中，洗涤仪器、溶解样品、配制溶液均需用水。作为分析用水，必须净化达到国家规定。我国已建立了实验室用水规格的国家标准（GB/T 6682—2008）。

国家标准规定的实验室用水分为三级：一级水＞二级水＞三级水。三级水是最普遍使用的纯水，适用于一般化学分析试验工作，过去多采用蒸馏方法制备，故通常称为蒸馏水。

二、化学试剂

实验室最普遍使用的试剂，一般可分为四个等级。见表 1-3。

表 1-3 一般试剂的分级标准和适用范围

级别	纯度分类	英文符号	适用范围	标签颜色
一级	优级纯	GR	适用于精密分析实验和科学研究工作	绿色
二级	分析试剂	AR	适用于一般分析实验和科学研究工作	红色
三级	化学纯	CP	适用于一般分析工作	蓝色
四级	实际试剂	LR	适用于一般化学实验辅助试剂	棕色或其他颜色

　　化学试剂选用的原则是：在满足实验要求的前提下，选择试剂的级别应就低而不就高。本书实验用的化学试剂除特殊说明外，均为分析纯试剂。

<h2 style="text-align:center">知识点五　溶液的配制</h2>

　　分析化学溶液分为一般溶液和标准溶液。一般溶液也称为辅助试剂溶液，这类溶液的浓度不需严格准确，质量用托盘天平称量，体积可用量筒或量杯量取。常见溶液浓度的表示方法见表 1-4。

表 1-4　溶液浓度的表示方法

表示方法	公式	表示方法	公式
质量分数 w	$w_B = m_B/m_S$	体积分数 φ	$\varphi_B = V_B/V_S$
质量浓度 ρ	$\rho_B = m_B/V_S$	物质的量浓度 c	$c_B = n_B/V_S$
比例浓度	指各组分的体积比，如 HCl(1:2) 或 (1+2)		

　　【例 1-1】 配制质量分数为 20% 的 KI 溶液 100g，应称取 KI 多少克？加水多少克？如何配制？

$$\xrightarrow[\text{20g(托盘天平)}]{\text{KI}} \text{烧杯} \xrightarrow[\text{80mL}]{H_2O} \xrightarrow{\text{搅拌}} \text{溶解} \xrightarrow{\text{转移}} \text{棕色试剂瓶} \longrightarrow \text{贴标签}$$

碘化钾
KI
20%
配制日期

　　【例 1-2】 欲配制质量分数为 20% 的硝酸（$\rho_2 = 1.115g/mL$）溶液 500mL，需质量分数为 67% 的浓硝酸（$\rho_1 = 1.40g/mL$）多少毫升？加水多少毫升？如何配制？

$$\text{烧杯} \xrightarrow[\text{381mL(量筒)}]{\text{蒸馏水}} \xrightarrow[\text{119mL(量筒)}]{\text{浓硝酸(搅拌下)}} \xrightarrow{\text{混合}} \text{均匀} \xrightarrow{\text{转移}} \text{棕色试剂瓶} \longrightarrow \text{贴标签}$$

硝酸
HNO₃
20%
配制日期

　　【例 1-3】 配制质量浓度为 0.1g/L 的 Cu^{2+} 溶液 1L，应取 $CuSO_4 \cdot 5H_2O$ 多少克？如何配制？贴上标签。

$$\xrightarrow[\text{0.4g}]{CuSO_4 \cdot 5H_2O} \text{烧杯} \xrightarrow[\text{(少量)}]{\text{蒸馏水}} \text{溶解} \xrightarrow{\text{转移}} \underset{\text{(1000mL)}}{\text{试剂瓶}} \xrightarrow[\text{(蒸馏水)}]{\text{稀释}} \text{1000mL} \xrightarrow{\text{摇匀}} \text{贴标签}$$

配制过程见图 1-15。

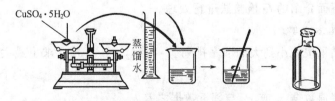

图 1-15　硫酸铜水溶液配制过程

任务考核评价

一般溶液的配制

得分合计：_____

项　目	考　核　内　容	分值	得分
（一） 量筒的使用(10 分)	读数方法正确	5	
	量筒规格选择正确	5	
（二） 托盘天平的使用(10 分)	称量前检查	3	
	物左码右	4	
	称量完毕，砝码放入盒内	3	
（三）溶液的配制 （75 分）	配制 100mL 2% $NaHCO_3$ 溶液，并贴标签保存	10	
	配制 100mL 0.3mol/L HAc 溶液，并贴标签保存	10	
	配制 50mL 0.1%甲基橙溶液，并贴标签保存	10	
	配制 50mL 10g/L 酚酞乙醇溶液，并贴标签保存	10	
	配制 500mL 0.1mol/L HCl 溶液，并贴标签保存	10	
	配制 500mL 0.1mol/L NaOH 溶液，并贴标签保存	15	
	配制 100mL 铬酸洗液，并贴标签保存	10	
（四） 文明实验(5 分)	穿实验服，文明操作	2	
	实验结束物品归位，摆放整齐	3	

任务四　分析检验数据记录及处理

【任务描述】

在实际定量分析测试工作中，由于随机误差的存在，使得多次重复测定的数据不可能完全一致，而存在一定的离散性。在一组数据中往往有个别数据与其他数据相差较远，这一数据称为可疑值，又称为异常值或极端值。可疑值对平均值的影响较大，现介绍 Q 检验法进行处理。在后续实验中，注意正确的应用以确保分析结果的准确性。

【任务实施】

1. 任务

某分析人员测定水泥中 SiO_2 的质量分数，得到下列数据（%）28.62，28.59，28.51，28.52，28.61。用 Q 检验法进行判断，有无可疑值，是否舍去（置信度为 90%）？

2. 原理

在分析测定结束后，应先对可疑值进行处理。在重复测定中如果发现某次测定有失常情况，该测定值应该舍去。如果测定并无失误，而结果又与其他值差异较大，该可疑值是保留还是舍去，应按下面介绍的 Q 检验法进行处理。

3. Q 检验法的具体步骤

（1）将测定结果按从小到大的顺序排列　x_1，x_2，…，x_n，求出最大值与最小值之差，即极差。

（2）求出可疑值数据 x_n 或 x_1 与邻近数据之差。

（3）按下式计算

$$Q_{\text{计}} = \frac{\left| x_{\text{可疑值}} - x_{\text{相邻值}} \right|}{x_{\text{max}} - x_{\text{min}}}$$

（4）将计算值 $Q_{\text{计}}$ 与临界值 Q（查表 1-5）比较。若 $Q_{\text{计}}$ $\leqslant Q_{\text{表}}$，则可疑值为正常值应保留，否则应舍去。

（5）舍弃一个异常值后，再用同样的方法检验另一端，直至无异常值为止。

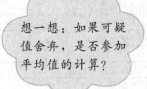

想一想：如果可疑值舍弃，是否参加平均值的计算？

Q 检验法的缺点：没有充分利用测定数据，仅将可疑值与相邻数据比较，可靠性差。在测定次数少时（如 $3 \sim 5$ 次测定），误将可疑值判为正常值的可能性较大。

表 1-5 不同置信度下的 Q 值

n ＼ Q值	置信度		
	90%	95%	99%
3	0.94	0.98	0.99
4	0.76	0.85	0.93
5	0.64	0.73	0.82
6	0.54	0.64	0.74
7	0.51	0.59	0.68
8	0.47	0.54	0.63
9	0.44	0.51	0.60
10	0.41	0.48	0.57

知识点六 数据记录及有效数字

一、正确地进行原始记录

原始记录是化验工作中最重要的资料之一。所谓原始记录，也就是未经过任何处理的记录。认真做好原始记录是保证有关数据可靠的重要条件，实验结束后，必须对照原始记录认真核对以判断实验结果的准确性和可靠性。一旦出现实验或分析结论与实际情况不符或偏差较大时，就必须要以原始数据为依据，仔细检查，查找产生错误的原因，从而来判断分析结果的可靠性和准确性。

对原始记录有以下要求：

① 首先要养成良好的原始记录习惯。

② 一定要实事求是，以事实为依据进行记录。

③ 原始数据必须整洁地记录在专用的本子上，本上须标明页码，不得缺页。每做一个实验，应从新的一页开始。实验记录本应是一装订本，不得用活页纸或散纸。

④ 原始记录本应妥为保存一段时间。

⑤ 原始记录必须真实、齐全、清楚。

⑥ 原始记录方式应该简单、明了便于查核，可以根据不同的实验要求，自行设计一些简单合适的记录表格，供实验时填写，表格项目内容应满足化验分析要求。

⑦ 原始记录有关单位、符号，应符合法定计量单位规定。

⑧ 记录一定要注明实验日期和时间。

NaOH 溶液的标定原始记录见表 1-6。

表 1-6　NaOH 溶液标定的原始记录　　　　____年____月____日

项　　目			
倾出前质量/g			
倾出后质量/g			
$m(KHP)/g$			
$V(NaOH)/mL$			
$c(NaOH)/(mol/L)$			
NaOH 浓度平均值/(mol/L)			
相对极差/%			

二、有效数字及运算规则在分析化学中的应用

在定量分析中,为了得到准确的分析结果,不仅要准确地进行各种测量,而且还要正确地记录和计算。在实验数据的记录和结果的计算中,有效数字的保留要根据测量仪器、分析方法的准确度来决定,这就涉及有效数字的概念。

有效数字是指在分析工作中实际能够测量得到的数字。在保留的有效数字中,只有最后一位数字是可疑的(有±1 的误差),其余数字都是准确的。

有效数字中"0"的意义:数字之间和小数点后末尾的"0"是有效数字;数字前面所有的"0"只起定位作用;以"0"结尾的正整数,有效数字位数不清。

1. 有效数字的修约

在数据处理过程中,涉及的各测量值的有效数字位数可能不同,各测量值的有效数字位数确定后,就要将它后面多余的数字舍弃。舍弃多余的数字的过程称为"数字修约",数字修约时,可归纳如下口诀:"四舍六入五成双;五后非零就进一;五后皆零视奇偶,五前为偶应舍去,五前为奇应进一"。

2. 有效数字运算规则

①加减法。几个数据相加减时,有效数字保留应以小数点后位数最少的数据为根据。例如:

$$0.21+0.0344+32.716=32.9604\rightarrow32.96（4 位）$$

②乘除法。几个数据相乘或相除时,有效数字位数的保留必须以各数据中有效数字位数最少的数据为准。例如:

$$1.23\times21.36=26.2728\rightarrow26.3（3 位）$$

③乘方和开方。进行乘方或开方时,其结果所保留的有效数字位数应与原数据的有效数字相同。例如:

$$3.65^2=13.3224\rightarrow13.3（3 位）$$

④对数计算。所取对数的小数点后的位数(不包括整数部分)应与原数据的有效数字的位数相等。例如:

$$\lg105.2=2.02201574\rightarrow2.0220（4 位）$$

3. 有效数字运算规则应用注意事项

① 有效数字第一位大于等于 8 时,可多记一位有效数字。如标准滴定溶液的浓度为 0.0894mol/L,可以认为它是 4 位有效数字。

② 在混合计算中,有效数字的保留以最后一步计算的规则执行。

③ 表示分析方法的精密度和准确度时,大多数取 1~2 位有效数字。

④ 对于高含量组分(例如>10%)的测定,一般要求分析结果有 4 位有效数字;对于

中含量组分（例如 $1\% \sim 10\%$），一般要求 3 位有效数字；对于微量组分（$<1\%$），一般只要求 2 位有效数字。通常以此为标准，报出分析结果。

任务考核评价

分析检验数据记录及处理

得分合计：_____

项　目	考 核 内 容	分值	得分
（一） Q 检验法实施 （50 分）	由小到大的排序，求极差	5	
	求出可疑值数据 x_n 或 x_1 与邻近数据之差	5	
	$Q_{计} = \dfrac{\left| x_{可疑值} - x_{相邻值} \right|}{x_{max} - x_{min}}$	10	
	进行 $Q_{计}$ 与 $Q_{表}$ 的比较	5	
	判断是否为可疑值	5	
	同样方法检验另一端，并判断	20	
（二） 能力拓展测试 （50 分）	某一分析人员对试样平行测定 5 次，测量值分别为 2.62、2.60、2.61、2.63、2.52，试用 Q 检验法检测测定值 2.52 是否应该保留（置信度为 90%）	50	

任务五　练习酸碱滴定终点

【任务描述】

滴定终点的判断正确与否是影响滴定分析准确度的重要因素，必须学会正确判断终点。在完成滴定分析仪器使用的基础上，反复练习滴定终点掌握这一技能。并养成正确、及时、简明记录实验原始数据的习惯，完成滴定考核。在以后的各次实验中，每遇到一种新的指示剂，均应先练习至能正确地判断终点颜色变化后再开始实验。

【任务实施】

1. 原理

NaOH 溶液滴定酸性溶液时，以酚酞（简写为 PP）为指示剂，终点颜色变化是无色变浅粉红色。PP 的 pH 变色范围是 8.0（无）～9.6（红），pH9.0 附近为浅粉红色。见图 1-16 (a)。

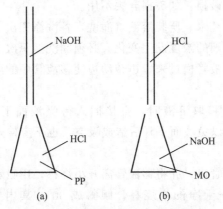

图 1-16　酸碱滴定终点判断原理图

HCl 溶液滴定碱性溶液时，以甲基橙（简写为 MO）为指示剂，则应以由黄变橙时为终点。MO 的 pH 变色范围是 3.1（红）～4.4（黄），pH4.0 附近为橙色。见图 1-16（b）。

2. 任务准备

（1）仪器　滴定管、锥形瓶、洗瓶、洗耳球、烧杯、移液管、容量瓶。

（2）药品　浓 HCl、NaOH 固体、1g/L MO 溶液、10g/L PP 乙醇溶液。

3. 实训操作

（1）滴定分析仪器的使用

移液管的使用：检查→洗涤→吸液→调零→放液。

滴定管的使用：试漏→洗涤→装液→排气泡→调零→滴定→读数。

容量瓶的使用：洗涤→试漏→转移→稀释→定容→摇匀→保存。

（2）滴定终点练习

用 0.1mol/L NaOH 溶液滴定 0.1mol/L HCl 溶液，反复练习滴定至浅粉红色。

用 0.1mol/L HCl 溶液滴定 0.1mol/L NaOH 溶液，反复练习滴定至橙色。

4. 注意事项

（1）移液管、滴定管的规范操作。

（2）滴定过程中要注意观察溶液颜色变化的规律。

问题探究

Ⅰ. 移液管、滴定管和容量瓶这三种仪器中，哪些要用溶液润洗 3 次？

Ⅱ. 锥形瓶使用前是否要干燥？为什么？

Ⅲ. 使用铬酸洗液时应注意些什么？

Ⅳ. 编写移液管、滴定管和容量瓶的使用口诀。

知识点七　滴定分析仪器基本操作

一、移液管和吸量管的使用

移液管是用于准确量取一定体积溶液的量出式玻璃量器，它的中间有一膨大部分，如图 1-17 所示。管颈上部刻一圈标线，属于量出式仪器，用符号"E$_X$"表示。

使用步骤：检查→洗涤→吸液→调零→放液。

检查：看管尖部位有无破损，如破损弃去不用。

洗涤：依次用自来水、纯水、所装溶液（润洗）各洗涤三次。

润洗：为了不使标准溶液的浓度发生变化，必须润洗。每次 10～15mL 为宜。勿使溶液回流，以免稀释溶液。将移液管横过来，边转动边使移液管中的溶液浸润内壁，洗涤后使溶液由尖嘴放出、弃去。

吸液：注意插入深度，移取溶液时，直接插入待吸液面下约 1～2cm 处［见图 1-18（a）］。管尖不应伸入太浅，以免液面下降后造成吸空；也不应伸入太深，以免管外部附有过多的溶液。

调零：用右手食指堵住管口，并将移液管离开小烧杯，用吸水纸擦拭管的下端，以除去管壁上的溶液。左手改拿一干净的小烧杯，倾斜成 30°，其内壁与管尖紧贴［见图 1-18（b）］，调整液面缓慢下降，直到视线平视时弯月面与标线相切，这时立即将食指按紧管口。

放液：左手拿接收容器，并倾斜使之内壁紧贴移液管尖，成30°左右。然后放松右手食指，使溶液自然地顺壁流下，如图1-19所示。待液面下降到管尖后，等15s左右，移出移液管。这时，可见管尖部位仍留有少量溶液，对此，除特别注明"吹"字的以外，一般此管尖部位留存的溶液是不能吹入接收容器中的。

吸量管的使用与移液管大致相同，实验中要尽量使用同一支吸量管，以免带来误差。

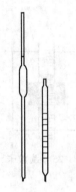

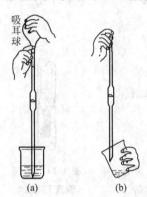

| 图1-17　移液管 | 图1-18　移液管吸取溶液（a）、调零（b）操作 | 图1-19　移液管放液操作 |

二、滴定管的使用

滴定管是滴定时可准确放出滴定剂体积的玻璃量器，属于量出式玻璃仪器，用符号"Ex"表示。滴定管按用途分为三类，见表1-7。

表1-7　滴定管分类

酸式滴定管	碱式滴定管	聚四氟乙烯滴定管
用来装酸性、中性及氧化性溶液,但不适宜装碱性溶液,因为碱性溶液能腐蚀玻璃的磨口和活塞	用来装碱性及无氧化性溶液,能与橡皮起反应的溶液如高锰酸钾、碘和硝酸银等溶液,都不能装入碱式滴定管中	可以耐酸、碱

使用步骤：试漏→洗涤→装液→排气泡→调零→滴定→读数。

试漏：如有漏水，必须重新涂凡士林或更换乳胶管（玻璃珠）。涂凡士林油见图1-20，涂油要遵循"少、薄、匀"的原则。

洗涤：依次用自来水、纯水、所装溶液洗涤洗净。

装液：装前摇一摇，以混匀溶液。"瓶塞倒放口挨着口，缓慢注入签向手；取完上塞放原处。"

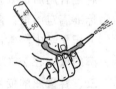

图1-20　涂凡士林油

排气泡：当酸管有气泡时，右手拿滴定管上部无刻度处，并使滴定管倾斜30°，左手迅速打开活塞，使溶液冲出管口，反复数次，一般即可达到排除酸管出口处气泡的目的。碱管的排气泡方法如图1-21所示。

调零和读数：

① 读数时应将滴定管从滴定管架上取下，手拿上部无刻度处，使管保持垂直。

图1-21　碱式滴定管排气泡

② 视线应与弯月面下缘实线的最低点相切，如图1-22所示。不能俯视或仰视。对于深色溶液（如 $KMnO_4$，I_2 等），读数时，视线应与液面两侧的最高点相切。如图1-23所示。

③ 在滴定管装满或放出溶液后，必须等 1～2min，使附着在内壁的溶液流下来后再读数。如果放出溶液的速度较慢，那么可等 0.5～1min 后，即可读数。

④ 读数必须读至小数点后第二位，即要求估计到 0.01mL。

⑤ 对于蓝带滴定管读数方法是读取两个弯月面尖端相交点的位置，如图 1-24 所示。

⑥ 为便于读数，可采用读数卡，读取黑色弯月面下缘的最低点，如图 1-25 所示。

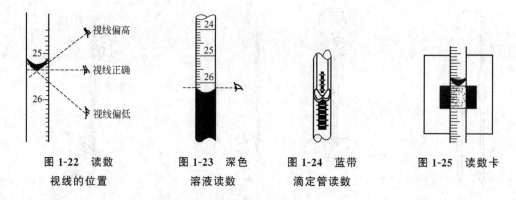

图 1-22　读数　　　图 1-23　深色　　　图 1-24　蓝带　　　图 1-25　读数卡
视线的位置　　　　溶液读数　　　　滴定管读数

滴定：

滴定操作见图 1-26～图 1-28，操作时应注意如下几点：

图 1-26　酸管操作　　　　图 1-27　碱管操作　　　　图 1-28　在烧杯中滴定

① 滴前靠一靠，将滴定管尖残液靠去。

② 高度：瓶底离滴定台高约 2～3cm，滴定管下端伸入瓶口内约 1cm。

③ "三同"，即：同一方向、同一轴心、同一平面，并且滴定时使用腕部力量。

④ 滴定速度：见滴成线　→　逐滴加入　→　半滴操作
　　　　　　　(3～4 滴/s)　(滴落点变色)　(近终点时)

滴定管用后的处理：滴定结束后，滴定管内的剩余溶液应弃去，不要倒回原瓶中，以免沾污标准滴定溶液。随后洗净滴定管，倒置在滴定管架上。

分析化学中经常用到液体的滴作为量的单位，液体的滴系指蒸馏水自标准滴管自然滴下的一滴的量，在 20℃时 20 滴相当于 1mL。

三、容量瓶的使用

容量瓶主要用于配制准确浓度的溶液或定量地稀释溶液，故常和分析天平、移液管配合使用。颈上有标度刻线，一般表示在 20℃时液体充满标度刻线时的准确容积。属于量入式玻璃仪器。用符号 "E" 或 "In" 表示。

使用步骤：洗涤→试漏→转移→稀释→定容→摇匀→保存。

试漏：加少量水，盖好瓶塞后用滤纸擦干瓶口。将瓶倒立 2min 不应有水渗出，如不漏水，将瓶直立，转动瓶塞 180°后，再倒立 2min 检查，如不漏水方可使用。如图 1-29 所示。

图 1-29　容量瓶试漏

洗涤：依次用自来水、纯水洗净。

转移：左手拿烧杯右手拿玻璃棒，如图 1-30 所示。烧杯中溶液流完后，将烧杯沿玻璃棒稍微向上提起，同时使烧杯直立，待竖直后移开。将玻璃棒放回烧杯中，不可放于烧杯尖嘴处，用左手食指将其按住。然后，用洗瓶吹洗玻璃棒和烧杯内壁，再将溶液定量转入容量瓶中。如此吹洗、转移操作，一般应重复五次以上，以保证定量转移。

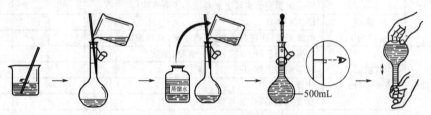

图 1-30　容量瓶的使用

稀释：加入水至容量瓶的 3/4 左右容积时，将容量瓶拿起，按同一方向摇动几周（切勿倒转摇动），使溶液初步混匀，这样还可以避免混合后体积的改变，继续加蒸馏水至距离标度刻线约 1cm 处。

定容：继续加水至距离标度刻线约 1cm 处后，等 1～2min 使附在瓶颈内壁的溶液流下后，再用洗瓶加水至弯月面下缘与标度刻线相切，盖紧塞子。

摇匀：将容量瓶倒转，使气泡上升到顶部，旋摇容量瓶混匀溶液。如此反复 14 次左右。注意，每摇几次后应将瓶塞微微提起并旋转 180°，然后塞上再摇。

保存：配好的溶液需保存时，应转移至磨口试剂瓶中，不要将容量瓶当作试剂瓶使用。

任务考核评价

酸碱滴定终点

考核项目：＿＿＿＿＿＿＿　起止时间：＿＿＿＿＿＿　得分合计：＿＿＿＿＿

项　目		操作要领	分值	得分
（一） 移液管的使用 （18 分）	移液管的准备 （5 分）	移液管的洗涤	1	
		润洗前内外溶液的处理	1	
		润洗时吸溶液未回流	2	
		润洗后废液的排放（从下口排出）	1	
	溶液移取 （8 分）	握持姿势	1	
		吸液时管尖插入液面的深度（1～2cm）	1	
		吸液高度（刻度线以上少许）	1	
		调节液面之前擦干外壁	2	
		调节液面时视线水平	2	
		调节液面时废液排放（放入废液杯）	1	
	放溶液 （5 分）	放溶液时移液管垂直	1	
		放溶液时接受器倾斜约 30°～45°	1	
		放溶液时移液管管尖靠壁	1	
		溶液流完后停靠 15s	1	
		最后管尖靠壁左右旋转	1	

项 目		操作要领	分值	得分
（二） 滴定管的使用 （20分）	滴定管的准备 （6分）	滴定管的试漏、洗涤	2	
		摇匀待装液	1	
		用待装液润洗方法	1	
		赶气泡	2	
	滴定操作 （12分）	从"0.00"开始	0.5	
		滴定前管尖悬挂液的处理	1	
		滴定时操作规范	0.5	
		近终点时的半滴操作	2	
		终点判断和终点控制	6	
		终点后滴定管尖没有悬挂液亦没有气泡	2	
	读数 （2分）	停30s读数	1	
		读数姿态（滴定管垂直，视线水平，读数准确）	1	
（三） 数据记录及处理 （60分）	数据记录 （20分）	数据记录及时、真实、准确、清晰、整洁	6	
		数字用仿宋体书写	4	
		计算正确	6	
		有效数字正确	4	
	结果（40分）	精密度符合要求	40	
（四） 结束 （2分）	文明操作	仪器及时洗涤	1	
		实验过程中台面整洁、仪器排放有序	1	

考核项目

Ⅰ．酸滴定碱

用 25mL 移液管量取 NaOH 溶液置于锥形瓶中，加 2 滴 MO 指示液，用 HCl 溶液滴定至溶液由黄色变为橙色即为终点，记录读数，平行滴定 3 次，填表 1-8。所消耗 HCl 溶液体积的极差 (R) 应不超过 0.05mL。

表 1-8　酸滴定碱测定记录　　　　　　　　　　　　　　　　　　指示剂：甲基橙

项 目	1	2	3
V_{NaOH}/mL	25.00	25.00	25.00
V_{HCl}/mL			
R/mL			

Ⅱ．碱滴定酸

用 25mL 移液管量取 HCl 溶液置于锥形瓶中，加 2 滴 PP 指示液，用 NaOH 溶液滴定至溶液由无色变为浅粉红色，30s 之内不褪色即到终点，记录读数，平行滴定 3 次，填表 1-9。所消耗 NaOH 溶液体积的极差 (R) 应不超过 0.05mL。

表 1-9　碱滴定酸测定记录　　　　　　　　　　　　　　　　　　指示剂：酚酞

项 目	1	2	3
V_{HCl}/mL	25.00	25.00	25.00
V_{NaOH}/mL			
R/mL			

任务六　练习试样称量

【任务描述】

准确称量物质的质量是获得准确分析结果的第一步。分析天平是定量分析中最主要、最常用的称量仪器之一，正确熟练地使用分析天平是做好分析工作的基本保证。所以要熟练使用差减法、固定质量称量法、直接称量法进行样品的称量，养成正确、及时、简明记录实验原始数据的习惯。并完成考核。

【任务实施】

1. 任务准备

（1）仪器　电光天平、托盘天平、小烧杯、称量瓶、滴瓶、角匙、表面皿、瓷坩埚。

（2）药品　磷酸、ZnO 固体、$CaCO_3$ 固体。

2. 实训操作

（1）直接称量法练习

数据记录与处理参照表 1-10。

表 1-10　直接称量法记录

物　　品	表面皿	小烧杯	称量瓶	瓷坩埚
质量/g				
称量后天平零点(格)				

注意事项：

① 调节平衡调节螺丝时，应先将天平关闭；

② 天平打开时不要有任何动作，以免损坏天平；

③ 未近平衡时天平只能半开；

④ 读数或看零点时，天平的升降旋钮必须完全打开；

⑤ 读数或看零点时，要关闭天平左右侧门。

（2）差减称量法练习　连续称取两份 0.3～0.4g ZnO 固体于小烧杯中。

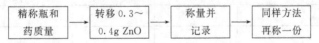

数据记录与处理参照表 1-11。

表 1-11　减量法称量记录

记　录　项　目	1	2
敲样前称量瓶＋样品质量/g		
敲样后称量瓶＋样品质量/g		
称量瓶中敲出的样品质量/g		
称量后天平零点/格		

注意事项：

① 称量前要做好准备工作（调水平、检查各部件是否正常、清扫、调零点）；

② 纸条应在称量瓶的中部，不得太靠上；

③ 夹取称量瓶时，纸条不得碰称量瓶口；

④ 敲样过程中，称量瓶口不能碰接受容器，也不能离开接受容器。

（3）固定质量称量法练习　连续称取 3 份 0.2000g CaCO₃ 固体于表面皿中。

$$ \boxed{\text{精称表面皿质量}} \rightarrow \boxed{\text{缓慢加药于表面皿上}} \rightarrow \boxed{\text{至 CaCO}_3\text{质量为 0.2000g}} \rightarrow \boxed{\text{同样方法再称两份}} $$

数据记录与处理参照表 1-12。

表 1-12　固定质量称量法记录

记录项目	1	2	3	4
小烧杯质量/g				
小烧杯＋样品质量/g				
样品质量/g				
称量后天平零点/格				

注意事项：

① 试重时天平只能半开；

② 质量相差很小（在标尺范围内）时，天平应全开；

③ 表面皿必须是干燥的；

④ 称好的试样必须定量转入接受容器中，决不能洒落在秤盘上和天平内。

（4）液体样品的称量练习　称量 2.5g 磷酸。

数据记录与处理参照表 1-13。

表 1-13　液体样品称量记录格式示例

记录项目	1	2	3	4
滴瓶＋磷酸样品质量/g				
取出磷酸后滴瓶＋磷酸样品质量/g				
磷酸样品质量/g				
称量后天平零点/格				

注意事项：

① 称量前要检查滴管的胶帽是否完好，否则应换胶帽；

② 滴瓶的外壁必须干净、干燥；

③ 从滴瓶中取出滴管时，必须将下端所挂溶液靠去，否则会造成磷酸样品溶液的洒落；

④ 加磷酸样品到容量瓶中时，注意滴管不要插入到容量瓶中，更不能碰容量瓶的瓶口或瓶内壁；

⑤ 不能将滴管倒置，否则会污染磷酸样品。

问题探究

Ⅰ．用分析天平称量前，初学者要先粗称有什么意义？

Ⅱ．在什么情况下选用递减称量法？什么情况下选用固定称量法？

Ⅲ．什么是天平的零点？为什么每次称量前要测定天平的零点？零点是否一定要在"0.0"处，如果偏离太远，应该怎样调节？

Ⅳ．用分析天平称量时，怎样根据指针或光屏上标尺的移动方向判断加减砝码？

知识点八 分析天平的使用

分析天平是精密仪器，使用时要认真、仔细，要预先熟悉使用方法，否则容易出错，使得称量结果不准确或损坏天平部件。

以 TG328B 型半机械加码电光天平为例，见图 1-31，介绍这类天平的结构和使用方法。

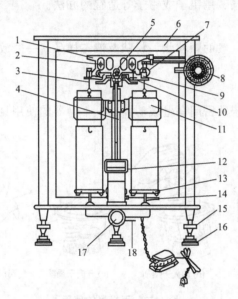

图 1-31 TG328B 半机械加码电光天平

1—天平梁（横梁）；2—平衡螺丝；3—吊耳；4—指针；5—支点架；6—天平箱（框罩）；

7—环码；8—指数盘；9—承重刀；10—支架；11—阻尼内筒；12—投影屏；

13—秤盘；14—盘托；15—螺丝脚；16—垫脚；17—开关旋钮（升降枢）；18—微动调节杆

一、分析天平的使用方法

（1）检查天平是否水平 若不水平，调节天平前面的两个脚直至天平水平（水平泡位于圆圈中央）。

（2）检查天平各部件是否正常 秤盘是否洁净；硅胶（干燥剂）容器是否靠住秤盘；圈码指数盘是否在"000"位；圈码有无脱位；吊耳是否错位等。

（3）调节零点 微调用调屏拉杆，使屏中刻线恰好与标尺中的"0"线重合，即调定零点。如果调节不到零，调节横梁上平衡螺丝。零点调好后关闭天平，准备称量。

（4）称量 将欲称物体先在台秤上粗称，然后根据粗称数据加砝码，大砝码在盘的中央，小的集中在其周围，且各砝码不能互相碰在一起。

调整砝码的顺序是：由大到小、中间截取，即每次从中间量（500mg、50mg）开始调节。砝码未完全调定时不可完全开启天平，以免横梁过度倾斜，造成横梁错位或吊耳脱落！

（5）读数　待标尺停稳后即可读数，被称物的质量等于砝码总质量加标尺读数。

（6）复原　称量、记录完毕，随即关闭天平，取出被称物，将砝码放回盒内并核对记录数据，圈码指数盘退回到"000"位，关闭两侧门，再完全打开天平观察屏中刻线，屏中刻线应在"0"线左右2格内，否则应重新称量。关闭天平，进行登记，盖上防尘罩。

二、天平的称量方法

1. 直接称量法

这种称量方法适用于称量洁净干燥的器皿、棒状或块状的金属等。天平零点调定后，将被称物直接放在称量盘上，所得读数即被称物的质量。注意，不得用手直接取放被称物，而可采用戴细纱手套、垫纸条、用镊子或钳子等适宜的办法。

2. 减量（差减）称量法

这种称量方法适用于一般的颗粒状、粉状及液态样品。一般放在称量瓶中称量，而称量瓶通常放在干燥器中备用。

（1）干燥器的使用

干燥器是具有磨口盖子的密闭厚壁玻璃器皿，干燥器的使用见图1-32。

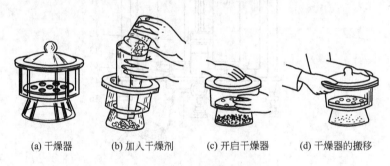

(a) 干燥器　　(b) 加入干燥剂　　(c) 开启干燥器　　(d) 干燥器的搬移

图1-32　干燥器的使用

（2）称量瓶的使用

称量瓶是在用分析天平准确称量固体物质质量的具盖小玻璃器具，方便称量，便于保存，防止被称量的固体物质吸收水分。称量瓶的分类见图1-33，使用见图1-34。

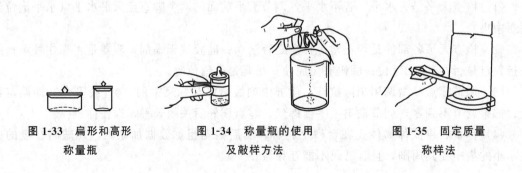

图1-33　扁形和高形　　　　图1-34　称量瓶的使用　　　　图1-35　固定质量
　　　称量瓶　　　　　　　　　　及敲样方法　　　　　　　　　称样法

3. 固定质量称量法

这种方法是为了称取固定质量的物质，又称增量法。此法只能用来称取不易吸湿，且不与空气作用、性质稳定的粉末状物质。

例如：配制 $c\left(\frac{1}{6}K_2Cr_2O_7\right)=0.05000mol/L$ $K_2Cr_2O_7$ 的标准溶液 250mL，必须准确称取 $0.6129g$ $K_2Cr_2O_7$ 基准试剂。操作见图 1-35。

任务考核评价

减量法进行称量试样

称量范围_____ 称量时间：_____ 得分合计：_____

项目		操作要领	分值	得分
差减法称量 (100 分)	准备工作 (16 分)	天平罩折叠及摆放	2	
		检查水平并调好	2	
		检查天平横梁位置是否正常	2	
		检查天平吊耳是否挂好	2	
		检查天平中干燥剂是否碰秤盘	1	
		检查圈码是否挂好	2	
		检查天平刻度盘是否在"000"位	1	
		清扫天平	2	
		调零点	2	
	称量操作 (54 分)	开启天平的动作"轻、缓"	4	
		称量瓶在天平盘中央	4	
		砝码及环码的使用	4	
		敲样动作正确	6	
		称量一份试样超过 3 次	4	
		试样无洒落,不需重称	10	
		称量质量在要求的±5％范围内	10	
		未近平衡时天平半开	6	
		取放物品及砝码(环码)时天平休止	6	
	结束工作 (10 分)	取出物品及砝码	2	
		圈码刻度盘回"000"位	2	
		复查零点	2	
		进行登记	2	
		全面检查天平,罩好天平罩	2	
	数据记录 及处理 (20 分)	数据记录及时、真实、准确、清晰、整洁	4	
		数字用仿宋体书写	4	
		计算正确	4	
		有效数字正确	4	
		实验过程中台面整洁、仪器摆放有序	4	
备注		数据记录表格参见表 1-11		

任务七　校准滴定分析仪器

【任务描述】

　　化学分析中的误差是客观存在的，存在于一切实验中，但是作为分析工作者，能够采取措施减免误差，从而得到较可靠的分析结果，其中一种就是本任务中校准分析仪器来减小误差。本任务中我们要对滴定管和移液管作绝对校准，并依据产品的允差进行定级；对容量瓶和移液管进行相对校准并贴标记保证配套使用。

【任务实施】

1. 原理

　　滴定管、移液管、容量瓶等分析实验室常用的玻璃量器，都具有刻度和标称容量。容量仪器的实际容积与它所标示的容积（标称容积）存在或多或少的差值，如果不预先进行容量校准就可能给实验结果带来系统误差。

　　容量仪器的校准在实际工作中通常采用绝对校准和相对校准两种方法。见知识点：滴定分析仪器的校准方法。

2. 任务准备

　　（1）仪器　常用滴定分析仪器、具塞锥形瓶、温度计、电子天平、气流烘干机。

　　（2）药品　乙醇（无水或95%）、新制备的蒸馏水。

3. 实训操作

　　（1）滴定管的校正　以50mL滴定管为例，每隔10mL测一个校准值。

　　以滴定管被校分度线的标称容量为横坐标，相应的校准值为纵坐标，用直线连接各点绘出校准曲线，以便使用时查找。滴定管校正实例见表1-14。

表1-14　滴定管（50mL）校正实例

水温25℃　$\rho = 0.99617 \text{g/mL}$

$V_\text{标称}/\text{mL}$	$m_\text{瓶+水}/\text{g}$	$m_\text{水}/\text{g}$	V_{20}/mL	$\Delta V/\text{mL}$
0.00	29.20			
10.10	39.28	10.08	10.12	+0.02
20.07	49.19	19.99	20.07	0.00
30.14	59.17	30.07	30.19	+0.05
40.17	69.24	40.04	40.20	+0.03
49.96	79.07	49.87	50.01	+0.05

　　（2）移液管、刻度吸管的校正

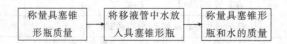

计算完成表 1-15。

表 1-15　移液管校准记录

水温			水的密度		
$V_{标称}$/mL	$m_{瓶}$/g	$m_{瓶+水}$/g	$m_{水}$/g	V_{20}/mL	$\triangle V$/mL

（3）移液管、容量瓶的相对校准

清洗、干燥移液管和容量瓶 → 用 25mL 移液管准确吸取蒸馏水 10 次至 250mL 容量瓶 → 观察容量瓶中水的弯月面下缘是否与标线相切

若正好相切，说明移液管与容量瓶体积的比例为 1∶10。若不相切（相差超过 1mm），表示有误差，记下弯月面下缘的位置。用一平直的窄纸条贴在与弯月面相切之处（注：纸条上沿与弯月面相切），并在纸条上刷蜡或贴一块透明胶布以保护此标记。以后使用的容量瓶与移液管即可按所贴标记配套使用。

4. 注意事项

（1）所使用的水为纯水。

（2）仪器的洗涤效果和操作技术是校准成败的关键。如果操作不够正确、规范，其校准结果不宜在以后的实验中使用。

（3）一件仪器的校准应连续、迅速地完成，以避免温度波动和水的蒸发所引起的误差，室温最好控制在（25±1）℃。

（4）量入式量器校准前要进行干燥，可用气流烘干机烘干或用乙醇涮洗后晾干。

问题探究

容量仪器为什么要进行校准？容量仪器的校准方法有哪两种方法？

知识点九　滴定分析仪器的校准方法

校准是技术性强的工作，操作要正确规范。容量仪器的校准在实际工作中通常采用绝对校准和相对校准两种方法。

一、容量仪器的体积校准

1. 绝对校准法（称量法）

在分析工作中，滴定管一般采用绝对校准法，用作取样的移液管，也必须采用绝对校准法。绝对校准法准确，但操作比较麻烦。

原理：称量量入式或量出式玻璃量器中水的表观质量，并根据该温度下水的密度（见表 1-16），计算出该玻璃量器在 20℃时的实际容量。

表 1-16　不同温度时纯水的密度

温度/℃	密度/(g/mL)	温度/℃	密度/(g/mL)	温度/℃	密度/(g/mL)	温度/℃	密度/(g/mL)
11	0.99832	16	0.99780	21	0.99700	26	0.99593
12	0.99823	17	0.99765	22	0.99680	27	0.99569
13	0.99814	18	0.99751	23	0.99660	28	0.99544
14	0.99804	19	0.99734	24	0.99638	29	0.99518
15	0.99793	20	0.99718	25	0.99617	30	0.99491

其换算公式为：

$$V_{20}=\frac{m_t}{\rho_t}$$

式中　m_t——t℃时在称得玻璃仪器中放出或装入的纯水的质量，g；

　　　ρ_t——t℃时纯水的密度，g/mL；

　V_{20}——20℃时玻璃量器的实际体积，mL。

【例1-4】　24℃时，称得25mL移液管中至刻度线时放出水的质量为24.902g，计算该移液管在20℃时的真实体积及校准值各是多少？

解　查表1-16得，24℃时$\rho_{24}=0.99638$g/mL

$$V_{20}=\frac{24.902}{0.99638}=24.99(\text{mL})$$

$$\Delta V=V_{20}-V_{标称}=24.99-25.00=-0.01(\text{mL})$$

该移液管在20℃时真实体积为24.99mL。体积校准值ΔV为-0.01mL。

【例1-5】　校准滴定管时，在22℃时由滴定管中放出0.00～9.99mL水，称得其质量为9.981g，计算该段滴定管在20℃时的实际体积及校准值各是多少？

解　查表1-16得，22℃时$\rho_{22}=0.99680$g/mL

$$V_{20}=\frac{9.981}{0.99680}=10.01(\text{mL})$$

$$\Delta V=V_{20}-V_{标称}=10.01-9.99=0.02(\text{mL})$$

该段滴定管在20℃时实际体积为10.01mL。体积校准值ΔV为0.02mL。

2. 相对校准法

相对校准法是相对比较两容器所盛液体体积的比例关系。在实际的分析工作中，容量瓶与移液管常常配套使用，如经常将一定量的物质溶解后在容量瓶中定容，用移液管取出一部分进行定量分析。因此，重要的不是要知道所用容量瓶和移液管的绝对体积，而是容量瓶与移液管的容积比是否正确。所以需要做容量瓶和移液管的相对校准，并且必须配套使用。相对校准法操作比较简单。

二、溶液体积的校准

滴定分析仪器都是以20℃为标准温度来标定和校准的，但是使用时则往往不是在20℃，温度变化会引起仪器容积和溶液体积的改变。如果在不同的温度下使用，则需要校准。当温度变化不大时，玻璃仪器容积变化的数值很小，可忽略不计，但溶液体积的变化则不能忽略。溶液体积的改变是由于溶液密度的改变所致，稀溶液密度的变化和水相近。表1-17列出了不同温度下标准滴定溶液的体积的补正值。

【例1-6】　在10℃时，滴定用去26.00mL 0.1mol/L NaOH标准滴定溶液，计算在20℃时该溶液的体积应为多少？

解　查表1-17得，10℃时1L 0.1mol/L溶液的补正值为$+1.5$，则在20℃时该溶液的体积为：

$$26.00+\frac{1.5}{1000}\times26.00=26.04(\text{mL})$$

表 1-17　不同温度下标准滴定溶液的体积的补正值

[1000mL 溶液由 t℃换算为 20℃时的补正值/（mL/L）]

温度/℃	水和0.05mol/L以下的各种水溶液	0.1mol/L和0.2mol/L各种水溶液	$c(HCl)$ =0.5mol/L	$c(HCl)$ =1mol/L	硫酸溶液 $c\left(\frac{1}{2}H_2SO_4\right)$=0.5mol/L 氢氧化钠溶液 $c(NaOH)$=0.5mol/L	硫酸溶液 $c\left(\frac{1}{2}H_2SO_4\right)$=1mol/L 氢氧化钠溶液 $c(NaOH)$=1mol/L	碳酸钠溶液 $c\left(\frac{1}{2}Na_2CO_3\right)$=1mol/L	氢氧化钾-乙醇溶液 $c(KOH)$=0.1mol/L
10	+1.23	+1.5	+1.6	+1.9	+2.0	+2.5	+2.4	+10.8
11	+1.17	+1.4	+1.5	+1.8	+1.8	+2.3	+2.2	+9.6
12	+1.10	+1.3	+1.4	+1.6	+1.7	+2.0	+2.0	+8.5
13	+0.99	+1.1	+1.2	+1.4	+1.5	+1.8	+1.8	+7.4
14	+0.88	+1.0	+1.1	+1.2	+1.3	+1.6	+1.5	+6.5
15	+0.77	+0.9	+0.9	+1.0	+1.1	+1.3	+1.3	+5.2
16	+0.64	+0.7	+0.8	+0.8	+0.9	+1.1	+1.1	+4.2
17	+0.50	+0.6	+0.6	+0.6	+0.7	+0.8	+0.8	+3.1
18	+0.34	+0.4	+0.4	+0.4	+0.5	+0.6	+0.6	+2.1
19	+0.18	+0.2	+0.2	+0.2	+0.2	+0.3	+0.3	+1.0
20	0.00	0.00	0.00	0.0	0.0	0.0	0.0	0.0
21	-0.18	-0.2	-0.2	-0.2	-0.2	-0.3	-0.3	-1.1
22	-0.38	-0.4	-0.4	-0.5	-0.5	-0.6	-0.6	-2.2
23	-0.58	-0.6	-0.7	-0.7	-0.8	-0.9	-0.9	-3.3
24	-0.80	-0.9	-0.9	-1.0	-1.0	-1.2	-1.2	-4.2
25	-1.03	-1.1	-1.1	-1.2	-1.3	-1.5	-1.5	-5.3
26	-1.26	-1.4	-1.4	-1.4	-1.5	-1.8	-1.8	-6.4
27	-1.51	-1.7	-1.7	-1.7	-1.8	-2.1	-2.1	-7.5
28	-1.76	-2.0	-2.0	-2.0	-2.1	-2.4	-2.4	-8.5
29	-2.01	-2.3	-2.3	-2.3	-2.4	-2.8	-2.8	-9.6
30	-2.30	-2.5	-2.5	-2.6	-2.8	-3.2	-3.1	-10.6
31	-2.58	-2.7	-2.7	-2.9	-3.1	-3.5		-11.6
32	-2.86	-3.0	-3.0	-3.2	-3.4	-3.9		-12.6
33	-3.04	-3.2	-3.3	-3.5	-3.7	-4.2		-13.7
34	-3.47	-3.7	-3.6	-3.8	-4.1	-4.6		-14.8
35	-3.78	-4.0	-4.0	-4.1	-4.4	-5.0		-16.0

知识点十　分析测试中的误差

定量分析的目的是准确测定试样中各组分的含量，从而报出可靠的分析结果，用于指导生产实践。误差是客观存在的，并且自始至终存在于一切科学实验过程中。

作为分析工作者，必须了解误差的来源，能够采取措施减免误差，从而得到可靠的分析结果。同时，还要能正确地记录实验数据，正确地处理实验数据，判断分析实验数据的可靠性，以满足生产和科研等工作的要求。

一、误差与准确度

准确度是指测定值与真实值相符合的程度，测定值与真实值之间的差值就是误差。它说明测定值的正确性，准确度的高低用误差的大小表示。误差越小，准确度越高；误差越大，准确度越低。误差的表示方法有绝对误差、相对误差两种。

绝对误差（E_a）　绝对误差表示测定值与真实值之差。即：

$$E_a = x_i - x_T \tag{1-1}$$

相对误差（E_r）　相对误差是指绝对误差在真实值中所占的百分率。即：

$$E_r = \frac{E_a}{x_T} \times 100\% \tag{1-2}$$

绝对误差和相对误差都有正负之分。测定值大于真实值，误差为正，表示分析结果偏高；测定值小于真实值，误差为负，表示分析结果偏低。相对误差能反映误差在真值中所占的比例，这对于比较在各种情况下测定结果的准确度更为方便，因此最常用。

绝对误差通常用于说明一些分析仪器测量的准确度。常用仪器的准确度见表 1-18。

表 1-18　常用仪器的准确度

常用仪器	绝对误差	常用仪器	绝对误差
分析天平	$\pm 0.0001g$	常量滴定管	$\pm 0.01mL$
托盘天平	$\pm 0.1g$	25mL 量筒	$\pm 0.1mL$

二、偏差与精密度

精密度是指在相同条件下，多次重复测定（平行测定）结果彼此相符合的程度。精密度的高低用偏差表示。精密度有下列表示方法。

1. 绝对偏差和相对偏差

绝对偏差

$$d_i = x_i - \overline{x} \tag{1-3}$$

相对偏差

$$d_r = \frac{d_i}{\overline{x}} \times 100\% \tag{1-4}$$

绝对偏差和相对偏差有正负之分，它们都是表示单次测定值与平均值的偏离程度。

2. 平均偏差和相对平均偏差

平均偏差

$$\overline{d} = \frac{|d_1| + |d_2| + |d_3| + \cdots + |d_n|}{n} = \frac{\sum |d_i|}{n} \tag{1-5}$$

相对平均偏差

$$\overline{d}_r = \frac{\overline{d}}{\overline{x}} \times 100\% \tag{1-6}$$

3. 标准偏差和相对标准偏差

标准偏差是指单次测定值与算术平均值之间相符合的程度。

标准偏差

$$s = \sqrt{\frac{\sum\limits_{i=1}^{n}(x_i - \overline{x})^2}{n-1}} = \sqrt{\frac{\sum\limits_{i=1}^{n} d_i^2}{n-1}} \tag{1-7}$$

相对标准偏差

$$S_r = \frac{s}{\overline{x}} \times 100\% \tag{1-8}$$

相对标准偏差亦称变异系数，用 CV 表示。

4. 极差

极差是指一组数据中最大值（x_{max}）与最小值（x_{min}）之差，用 R 表示。

$$R = x_{max} - x_{min} \tag{1-9}$$

5. 允许差

在生产部门并不强调误差与偏差两个概念的区别，一般均称为"误差"。并用"公差"

范围来表示允许误差的大小。

公差是生产部门对于分析结果允许误差的一种表示方法。如果分析结果超出允许的公差范围，称为"超差"，遇到这种情况，该项分析应该重做。公差范围一般是根据实际情况和生产需要对测定结果的准确度的要求而确定的。各种分析方法所能达到的准确度不同，其允许公差范围也不同。

> 按 GB 534—82 规定，检测工业硫酸中硫酸质量分数，公差（允许误差）为≤±0.20%。今有一批硫酸，甲的测定结果为 98.25%、98.37%，乙的测定结果为98.10%、98.51%，问甲、乙二人的测定结果中，哪一位合格？由合格者报出确定的硫酸质量分数是多少？

【练习 1-1】 有甲乙两组测定数据如下，计算各组数据的平均偏差和标准偏差。

甲组：10.3、9.8、9.6、10.2、10.1 乙组：10.0、10.1、9.3、10.2、9.9

三、准确度与精密度的关系

【例 1-7】 某实验室有 A、B、C、D 四名分析人员同时对同一试样在相同条件下，测定试样中铜含量，各测定 4 次，其测定结果如图 1-36 所示。

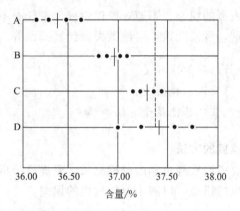

● 测量值 ┊ 标准值 │ 平均值

图 1-36 A、B、C、D 四名分析人员分析结果

由图 1-36 可知：A、B、C 测定结果的精密度高，但 A、B 平均值与真实值相差较远，准确度低；D 测定结果精密度不高，准确度不高；C 测定结果的精密度和准确度都比较高。

可见，精密度高准确度不一定高，但精密度高是保证准确度高的前提条件。精密度高表示分析测定条件稳定，测定结果的重现性好。只有精密度好、准确度高的测定结果，才是可靠的。如果一组数据的精密度很差，就失去了衡量准确度的意义。

四、误差的分类及产生

产生误差的原因很多，一般分为三类：系统误差、随机误差、过失误差。

1. 系统误差

在一定条件下，由某些经常的固定原因引起的误差。其特点是：在多次重复测定时反复出现，具有单向性，总是产生正误差或负误差，系统误差是可测的，并且可以校正。系统误差按其产生的原因，可分为如表 1-19 所示的几类。

表 1-19　系统误差分类

系统误差	产生原因	举　例
方法误差	由于分析方法本身不完善所造成的误差	例如,在称量分析中,选择的沉淀形式溶解度较大,共沉淀沾污,灼烧时沉淀分解或挥发
仪器误差	由于仪器、量器精度不够或未经校正而引起的误差	例如,分析天平砝码未经校正,滴定管、移液管等容量仪器的刻度不准等
试剂误差	由于试剂不纯或带入杂质引起的误差	例如,试剂的纯度不够或蒸馏水含有微量的待测组分等
操作误差	在正常操作下,由于操作者的主观因素造成的误差	例如,滴定管的读数经常偏高或偏低,滴定终点颜色的判断经常偏深或偏浅等

2. 随机误差

随机误差又叫偶然误差。是由于各种因素的随机波动引起的误差。这些因素包括:温度、压力、湿度、仪器的微小变化,分析人员对各份试样处理时的微小差别等。其特点是:随机误差数值不恒定,有时大,有时小;随机误差不可测量;性质服从一般的统计规律。

3. 过失误差

过失误差是由于分析人员的粗心,不遵守操作规程,责任心不强引起的。如仪器洗涤不干净,样品损失,加错试剂,看错读数,溶液溅失,计算错误等。

> 系统误差:决定了分析结果的准确度;
> 偶然误差:决定了分析结果的精密度;
> 过失误差:不是误差,在工作上属于责任事故。

五、提高分析结果准确度的方法

定量分析的目的就是要得到准确可靠的分析结果。要提高分析结果的准确度,必须针对误差产生的原因,采取相应的措施,以减小分析过程的误差。

1. 选择合适的分析方法

为了使测定结果达到一定的准确度,满足实际分析工作的需要,先要选择合适的分析方法。例如对于高含量组分的测定,宜采用化学分析法来获得比较准确的结果;但对于低含量的样品,若用化学分析法是无法测量的,应该采用仪器分析法。

2. 减小测量误差

在测定方法选定后,为了保证分析结果的准确度 ($E_r \leqslant 0.1\%$),必须尽量减小测量误差。测量体现在称量和体积上。

在化学分析中,一般要求分析天平至少称量 0.2g 以上;消耗滴定剂体积必须在 20mL 以上。一般常控制在 30~40mL 左右,以保证误差小于 0.1%。

应该指出,对不同测定方法,测量的准确度只要与该方法的准确度相适就可以了。

3. 增加平行测定次数,减小随机误差

在消除系统误差的前提下,平行测定次数愈多,平均值愈接近真实值。因此,增加测定次数可以减小随机误差。一般分析测定,平行测定 4~6 次即可。

4. 消除测量过程中的系统误差

造成系统误差的原因很多,应根据具体情况,采用不同的方法来检验和消除系统误差。

（1）对照试验

对照试验是检验系统误差的有效方法。进行对照试验时，常用已知准确结果的标准试样与被测试样一起进行对照试验，或用其他可靠的分析方法进行对照试验，也可由不同人员、不同单位进行对照试验。

（2）空白试验

所谓空白试验就是在不加试样的情况下，按照试样分析同样的操作和条件进行试验。试验所得结果称为空白值。从试样分析结果中扣除空白值后，就得到比较可靠的分析结果。

空白值一般不应很大，否则扣除空白时会引起较大的误差。当空白值较大时，就只好从提纯试剂和改用其他适当的器皿来解决问题。

（3）校准仪器

当允许的相对误差大于1‰时，一般可不必校准仪器，在准确度要求较高的分析中，对所用的仪器如滴定管、移液管、容量瓶、天平砝码等，必须进行校准，求出校正值，并在计算结果时采用，以消除由仪器带来的误差。

（4）分析结果的校正

分析过程中的系统误差，有时可采用适当的方法进行校正，它是最有效的消除系统误差的方法。

任务考核评价

滴定分析仪器的校准

得分合计：＿＿＿＿＿＿

项目	考核内容	分值	得分
（一） 仪器规范使用 （40分）	电子天平的规范使用	10	
	滴定管规范使用	10	
	移液管规范使用	10	
	容量瓶规范使用	10	
（二） 数据记录及处理 （35分）	数据记录及时、真实、准确、清晰、整洁	3	
	数字用仿宋体书写	2	
	计算正确（错1个扣2分）	10	
	有效数字正确（错1个扣2分）	10	
	滴定管校准曲线不缺项（少1项扣2分）	10	
（三） 文明实验（5分）	穿实验服，文明操作	2	
	实验结束物品归位，摆放整齐	3	
（四） 能力拓展测试 （20分）	测定镍合金含量，六次平行测定结果是34.25%、34.35%、34.22%、34.18%、34.29%、34.40%,计算： ①平均值，中位值，平均偏差，相对平均偏差，标准偏差，平均值的标准偏差 ②若已知镍的标准含量为34.33%,计算以上结果的绝对误差和相对误差	14	
	准确度和精密度有何不同？二者有何关系？	3	
	两位分析者同时测定某一试样中硫的质量分数，称取试样均为3.5g,报告结果分别如下：甲,0.042%、0.041%；乙,0.04099%、0.04201%,谁的报告是合理的？	3	

任务八　直接法配制标准溶液

【任务描述】

在产品质量检验中，标准溶液的浓度和消耗体积是计算待测组分含量的主要依据，分析人员所用标准溶液浓度的准确度是保证检测结果真实性重要的第一步。试想标准溶液不准确检测结果肯定不准确。因此，必须正确配制及妥善保存标准溶液。本任务中要完成 $c\left(\dfrac{1}{2}Na_2CO_3\right) = 0.1000mol/L$ 标准溶液的配制。

【任务实施】

1. 任务准备

（1）仪器　分析天平、容量瓶、烧杯、玻璃棒。

（2）药品　无水碳酸钠

2. 原理

用直接法配制标准滴定溶液，必须是基准物质。准确称取一定质量的基准物质，溶解于适量水后定量转入容量瓶中，用水准确稀释至刻度定容。

3. 实训操作

$c\left(\dfrac{1}{2}Na_2CO_3\right) = 0.1000mol/L$ 标准溶液的配制（250mL）。

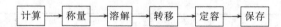

计算 → 称量 → 溶解 → 转移 → 定容 → 保存

问题探究

Ⅰ. 计算应称取碳酸钠多少克？如何称量？

Ⅱ. 配好的碳酸钠标准溶液如何保存？

Ⅲ. 什么是标准滴定溶液？标准溶液的作用是什么？

Ⅳ. 标准溶液的配制方法有几种？

Ⅴ. 基准物质应具备的条件是什么？如何进行预处理？

Ⅵ. NaOH、HCl标准溶液能否用直接配制法配制，为什么？

知识点十一　滴定分析法及标准滴定溶液

一、滴定分析法

（一）滴定分析基本术语

滴定分析又称容量分析。它是通过滴定操作，将已知准确浓度的试剂溶液滴加到被测物质的溶液中，直至所加溶液物质的量按化学计量关系恰好反应完全，再根据所加滴定剂的浓度和所消耗的体积，计算出试样中待测组分含量的分析方法。滴定分析操作见图 1-37。

标准滴定溶液：又称为滴定剂，在滴定分析过程中，确定了准确浓度的试剂溶液。

化学计量点：当加入的标准滴定溶液的量与被测物的量恰好符合化学反应式所表示的化学计量关系量时，称反应到达化学计量点（以 sp 表示）。

指示剂：在化学计量点时，反应往往没有易被人察觉的外部特征，因此，通常是加入某种辅助试剂，利用该试剂的颜色突变来判断。这种能改变颜色的试剂称为指示剂。

滴定终点：滴定时指示剂突然改变颜色的那一点称为滴定终点（以 ep 表示）。

滴定方法：根据不同的化学反应类型，滴定分析方法一般可分为酸碱滴定法、配位滴定法、氧化还原滴定法以及沉淀滴定法四大滴定方法。

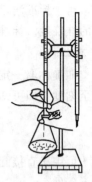

图 1-37 滴定分析操作

滴定分析是定量化学分析方法中很重要的一种。通常适用于常量组分（被测组分含量在1％以上）的测定，滴定分析方法准确度高，分析的相对误差可在0.1％左右。仪器设备（主要仪器为：滴定管、移液管、容量瓶和锥形瓶等）比较简单，操作简便、快速。

（二）滴定分析对化学反应的要求和滴定方式

1. 滴定分析对化学反应的要求

滴定分析虽然能利用各种类型的反应，但不是所有反应都可以用于滴定分析。适用于滴定分析的化学反应必须具备下列条件：

① 反应按一定的化学反应式进行，具有确定的化学计量关系，不发生副反应；

② 反应必须定量进行，通常要求反应完全程度≥99.9％；

③ 反应速率要快，速率较慢的反应可以通过加热、加催化剂等措施加快反应速率；

④ 有适当的指示剂或其他物理化学方法来确定滴定终点。

2. 滴定方式

滴定方式分为如表1-20所示四类，凡能满足滴定分析要求的反应都可用标准滴定溶液直接滴定被测物质，如果反应不能完全符合上述要求时，则可选择采用其他三种方式进行滴定。

表 1-20　滴定方式分类

滴定方式	操 作 过 程
a. 直接滴定法	直接滴定法是最常用和最基本的滴定方式,简便、快速,引入的误差较小。只有一种标准溶液
b. 返滴定法	又称为回滴法。在待测试液中准确加入适当过量的标准溶液,待反应完全后,再用另一种标准溶液返滴定剩余的第一种标准溶液,从而测定待测组分的含量
c. 置换滴定法	置换滴定法是先加入适当的试剂与待测组分定量反应,生成另一种可滴定的物质,再利用标准滴定溶液滴定反应产物,由滴定剂的消耗量、反应生成的物质与待测组分等物质的量的关系计算出待测组分的含量
d. 间接滴定法	某些待测组分不能直接与滴定剂反应,但可通过其他的化学反应间接测定其含量

由于返滴定法、置换滴定法和间接滴定法的应用，使滴定分析法的应用更加广泛 。

二、标准滴定溶液的配制

在滴定分析中，标准滴定溶液的浓度和消耗体积是计算待测组分含量的主要依据。因此，对于标准滴定溶液，正确配制、准确确定其浓度和妥善保存，将直接关系到滴定分析结果的准确度。标准溶液的配制方法❶有直接法和标定法两种。

1. 直接法

准确称取一定量的基准物质，经溶解后，定量转移于一定体积容量瓶中，用去离子水稀释至刻度。即可知标准溶液的准确浓度。

$$基准物 \xrightarrow{\text{直接法}} 准确浓度$$

可用于直接配制标准溶液或标定溶液浓度的物质称为基准物质。作为基准物质必须具备以下条件：

① 组成恒定并与化学式相符，若含结晶水，例如 $H_2C_2O_4 \cdot 2H_2O$、$Na_2B_4O_7 \cdot 10H_2O$ 等，其结晶水的实际含量也应与化学式严格相符；

② 纯度足够高（达 99.9% 以上），杂质含量应低于分析方法允许的误差限；

③ 性质稳定，不易吸收空气中的水分和 CO_2，不分解，不易被空气所氧化；

④ 有较大的摩尔质量，以减少称量时的相对误差；

⑤ 试剂参加滴定反应时，应严格按反应式定量进行，没有副反应。

表 1-21 列出了几种常用基准物质的干燥条件和应用范围。

表 1-21　常用基准物质的干燥条件和应用范围

基准物质名称	干燥后的组成	干燥条件/℃	标定对象
无水碳酸钠	Na_2CO_3	270~300	酸
硼砂	$Na_2B_4O_7 \cdot 10H_2O$	放在含 NaCl 和蔗糖饱和液的干燥器中	酸
二水合草酸	$H_2C_2O_4 \cdot 2H_2O$	室温空气干燥	碱或 $KMnO_4$
邻苯二甲酸氢钾	$KHC_8H_4O_4$	110~120	碱
重铬酸钾	$K_2Cr_2O_7$	140~150	还原剂
碘酸钾	KIO_3	130	还原剂
草酸钠	$Na_2C_2O_4$	130	氧化剂
碳酸钙	$CaCO_3$	110	EDTA
氧化锌	ZnO	900~1000	EDTA
氯化钠	$NaCl$	500~600	$AgNO_3$

2. 标定法

用来配制标准滴定溶液的物质大多数是不能满足基准物质条件的，如 HCl、NaOH、$KMnO_4$、I_2、$Na_2S_2O_3$ 等试剂，它们不适合用直接法配制成标准溶液，需要采用标定法（又称间接法）。

先大致配成所需浓度的溶液（在规定浓度值的 5% 范围以内），然后用基准物质或另一种标准溶液来确定它的准确浓度。这种确定浓度的操作称为标定。

❶ 本书中标准滴定溶液的制备均采用 GB/T 601—2002 对标准滴定溶液制备方法的规定。

GB/T 601—2002 对标准滴定溶液制备的一般规定

1. 除有另外规定外，所用试剂的纯度应在分析纯以上，所用制剂及制品应按 GB/T 603—2002 的规定制备，实验用水应符合 GB/T 6682—1992 中三级水的规格。

2. 标准中制备的标准滴定溶液的浓度，除高氯酸外，均指 20℃ 时的浓度。在标准滴定溶液标定、直接制备和使用时若温度有差异，应按该标准附录 A 补正。标准滴定溶液标定、直接制备和使用时所用分析天平、砝码、滴定管、容量瓶及移液管均需定期校正。

3. 在标定和使用标准滴定溶液时，滴定速度一般保持在 6~8mL/min。

4. 称量工作基准试剂的质量的数值小于 0.5g 时，按精确至 0.01mg 称量；数值大于 0.5g 时，按精确至 0.1mg 称量。

5. 制备标准滴定溶液的浓度应在规定浓度值的 5% 范围以内。

6. 标定标准滴定溶液的浓度时，须两人进行实验，分别各做四平行，每人四平行测定结果极差的相对值（指测定结果的极差值与浓度平均值的比值，以 % 表示）不得大于重复性临界极差 $[C_rR_{95}(4)]$ 相对值（重复性临界极差与浓度平均值的比值，以 % 表示）的 0.15%，两人共八平行测定结果极差的相对值不得大于重复性临界极差 $[C_rR_{95}(8)]$ 相对值的 0.18%。取两人八平行测定结果的平均值为测定结果。在运算过程中保留五位有效数字，浓度值报出结果取四位有效数字。

7. 该标准中标准滴定溶液浓度平均值的扩展不确定度一般不应大于 0.2%，可根据需要报出，其计算参见该标准附录 B。

8. 该标准使用工作基准试剂标定标准滴定溶液的浓度。当标准滴定溶液浓度值的准确度有更高要求时，可用二级纯度标准物质或定值代替工作基准试剂进行标定或直接制备，并在计算标准滴定溶液浓度值时，将其质量分数代入计算式中。

9. 标准滴定溶液的浓度小于等于 0.02mol/L 时，应于临用前将浓度高的标准溶液用煮沸并冷却的水稀释，必要时重新标定。

10. 除另有规定外，标准滴定溶液在常温（15~25℃）下保存时间一般不得超过两个月。当溶液出现浑浊、沉淀、颜色变化等现象时，应重新制备。

11. 贮存标准滴定溶液的容器，其材料不应与溶液起理化作用，壁厚最薄处不小于 0.5mm。

12. 该标准中所用溶液以 % 表示的均为质量分数，只有乙醇（95%）为体积分数。

摘自 GB/T 601—2002《化学试剂标准滴定溶液的制备》

任务考核评价

直接法配制标准溶液

得分合计：_____

项目	考核内容		分值	得分
（一） 基准物质的称量操作 （30分）	天平准备工作（水平、清扫、调零、仪器正常）		4	
	称量操作	称量物放于盘中心	1	
		敲样正确	4	
		开启天平"轻、缓"	1	
		砝码及环码使用正确	1	
		试样无洒落	4	
		添加试样次数≤3次	3	
		称量质量在要求范围内	3	
		称量记录正确	2	
		开门读数或读错数字	3	
		重称（倒扣5分）	—	
	结束工作（清扫、复原天平、登记、放回凳子）		4	

续表

项目	考 核 内 容		分值	得分
（二） 容量瓶的使用(66 分)	容量瓶洗涤		2	
	容量瓶试漏		2	
	定量转移	搅拌溶解操作正确	4	
		溶样完全后转移	4	
		玻璃棒拿出前靠去所挂液	4	
		玻璃棒插入瓶口深度、不碰瓶口	2	
		玻璃棒不在烧杯内滚动	4	
		烧杯离瓶口位置、烧杯上移动作	4	
		吹洗玻璃棒及杯口,洗涤次数至少 5 次	4	
		溶液不洒落	4	
	定容	2/3 处平摇	4	
		近刻线 1cm 处停留 2min	4	
		稀释至刻线准确	4	
	摇匀	摇匀动作正确	4	
		摇匀过程中换气一次	4	
		摇匀次数≥14 次	4	
	保存	保存在处理后的试剂瓶内	4	
		贴标签	4	
（三） 文明实验(4 分)	穿实验服,文明操作		2	
	实验结束物品归位,摆放整齐		2	

情境二

酸碱滴定法测定物质含量

【情境导入】 酸碱滴定法是以酸碱反应为基础，基于酸和碱之间进行质子传递的定量分析方法，又称中和滴定，在生产实际中应用极为广泛。许多酸、碱性物质或非酸碱性物质均可用酸碱滴定法进行测定，如阿司匹林药片中乙酰水杨酸含量的测定、工业硫酸的测定、硫酸铵化肥中铵态氮含量的测定、工业硼酸的测定等。

   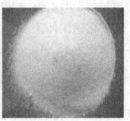

| 阿司匹林药片 | 工业硫酸 | 硫酸铵化肥 | 工业硼酸 |

本教学情境以两个任务为引领，进行理实一体化教学，拓展任务要求学生运用所学理论知识独立完成，并解决分析测定中出现的问题，出具检验报告单。

引领任务	拓展任务	能力考核
任务一　NaOH 标准滴定溶液的制备 任务二　硫酸铵肥料中氨态氮含量的测定	拓展任务三　HCl 标准滴定溶液的制备 拓展任务四　混合碱的分析	食醋中总酸度的测定

任务一　NaOH 标准滴定溶液的制备

【任务描述】

酸碱滴定法测定物质的含量，常使用 NaOH 和 HCl 标准滴定溶液，以 NaOH 标准滴定溶液的制备为主线进行学习，标定后的 NaOH 可以完成食醋中总酸度的测定、硫酸铵肥料中铵态氮含量的测定等。HCl 标准滴定溶液及其应用作为拓展任务。

【任务实施】

1. 原理

由于氢氧化钠具有很强的吸湿性，也容易吸收空气中的水分及 CO_2，因此 NaOH 标准滴定溶液采用间接法配制，须先配制成接近所需浓度的溶液，然后再用基准物质标定其准确浓度。常用于标定标准滴定溶液浓度的基准物有邻苯二甲酸氢钾与草酸，如表 2-1 所列。

表 2-1 标定 NaOH 溶液

基准物	邻苯二甲酸氢钾(KHC$_8$O$_4$,缩写 KHP)		草酸(H$_2$C$_2$O$_4$·2H$_2$O)
基准物简介	邻苯二甲酸氢钾容易用重结晶法制得纯品,不含结晶水,在空气中不吸水,容易保存,且摩尔质量大。标定前,邻苯二甲酸氢钾应于 100～125℃干燥		草酸是二元酸,相当稳定。但由于草酸的摩尔质量较小,因此为了减小称量误差,标定时宜采用"称大样法"标定
反应式			$H_2C_2O_4 + 2NaOH \Longrightarrow Na_2C_2O_4 + 2H_2O$
指示剂	PP,滴定终点浅粉色(30s 不褪色)		
保存	带有橡胶塞的玻璃试剂瓶或塑料试剂瓶中,贴好标签		

① 实际标定时通常有两种操作方法:一种是基准物准确称量溶解后标定,称"单份标定"或"称小样";另一种是称"大份标定"或"称大样"。摩尔质量小的基准物,标定时应采用"称大样"法。

注:GB/T 601—2002 中采用邻苯二甲酸氢钾标定。

2. 试剂准备

(1) 邻苯二甲酸氢钾(基准试剂)。

(2) 氢氧化钠固体。

(3) 酚酞指示剂(10g/L):1g 酚酞溶于适量乙醇中,再稀释至 100mL。

3. 分析步骤

(1) 配制

称取 110g 氢氧化钠,溶于 100mL 无二氧化碳的水中,摇匀,注入聚乙烯容器中,密闭放置至溶液澄清。按表 2-2 的规定,用塑料管量取上层清液,用无二氧化碳的水稀释至 1000mL,摇匀。

表 2-2 NaOH 取用量

[c(NaOH)]/(mol/L)	NaOH 溶液的体积 V/mL
1	54
0.5	27
0.1	5.4

(2) 标定

按表 2-3 的规定称取于 105～110℃电烘箱中干燥至恒重的工作基准试剂邻苯二甲酸氢钾,加无二氧化碳的水溶解,加 2 滴酚酞指示液(10g/L),用配制好的氢氧化钠溶液滴定至呈粉红色,并保持 30s。同时做空白试验。

表 2-3 KHC$_8$H$_4$O$_4$ 取用量

[c(NaOH)]/(mol/L)	KHC$_8$H$_4$O$_4$ 的质量 m/g	无 CO$_2$ 水的体积 V/mL
1	7.5	80
0.5	3.6	80
0.1	0.75	50

4. 注意事项

(1) 注意锥形瓶编号,以免张冠李戴。

(2) 加热有助于 KHC$_8$H$_4$O$_4$ 的溶解,待完全溶解并冷却至室温后,再进行标定,否则误差很大。

(3) 近终点不要剧烈摇动锥形瓶,以免吸收空气中的 CO$_2$。

(4) 合理统筹安排时间,注意台面整洁。

问题探究

Ⅰ. 什么是平行实验？如何完成？什么是空白实验？如何完成？

Ⅱ. 配制好的 NaOH 标准滴定溶液如何保存？

Ⅲ. 配制不含碳酸钠的氢氧化钠溶液有几种方法？怎样得到不含 CO_2 的蒸馏水？

Ⅳ. 锥形瓶内壁是否需干燥？溶解基准物所用水的体积是否需要准确？

Ⅴ. 能否用玻璃棒来加速 KHP 溶解？

Ⅵ. 本任务中预计消耗 NaOH 溶液多少毫升？

Ⅶ. 根据标定结果，分析一下本次标定引入的个人操作误差。

Ⅷ. 如基准物 $KHC_8H_4O_4$ 中含有少量 $H_2C_8H_4O_4$，对氢氧化钠溶液标定结果有何影响？

Ⅸ. 标定 NaOH 的基准物质还有哪些？简单设计实验过程。

Ⅹ. 放置一段时间后，为什么锥形瓶中的浅粉红色变浅或褪色？

知识点一　滴定分析中的计算

一、计算依据：等物质的量规则计算

等物质的量规则是指对于一定的化学反应，如选定适当的基本单元（物质 B 在反应中的转移质子数或得失电子数为 Z_B 时，基本单元选 $1/Z_B$），滴定到达化学计量点时，被测组分 B 的物质的量就等于所消耗标准滴定溶液 A 的物质的量。即

$$n\left(\frac{1}{Z_A}B\right)=n\left(\frac{1}{Z_A}A\right) \tag{2-1}$$

如在酸性溶液中用 $K_2Cr_2O_7$ 标准滴定溶液滴定 Fe^{2+} 时，滴定反应为

$$Cr_2O_7^{2-}+6Fe^{2+}+14H^+ =\!=\!= 2Cr^{3+}+6Fe^{3+}+7H_2O$$

$K_2Cr_2O_7$ 的电子转移数为 6，以 $\frac{1}{6}K_2Cr_2O_7$ 为基本单元；Fe^{2+} 的电子转移数为 1，以 Fe^{2+} 为基本单元，则

$$n\left(\frac{1}{6}K_2Cr_2O_7\right)=n(Fe^{2+})$$

本教材主要采用等物质的量规则进行有关计算，该规则的运用要注意正确选择基本单元。标准溶液基本单元一般规定见表 2-4。

表 2-4　标准溶液基本单元一般规定

滴定方法	标准溶液	基本单元	备注
酸碱滴定法	NaOH	NaOH	滴定或结合一个 H^+
配位滴定法	EDTA	EDTA	
氧化还原滴定法	$K_2Cr_2O_7$	$\frac{1}{6}K_2Cr_2O_7$	电子转移
	$KMnO_4$	$\frac{1}{5}KMnO_4$	
	$Na_2S_2O_3$	$Na_2S_2O_3$	
	$KBrO_3$	$\frac{1}{6}KBrO_3$	
沉淀滴定法	$AgNO_3$	$AgNO_3$	

二、滴定分析中的计算实例

滴定分析中的计算主要包括基准物质的称量计算、标准滴定溶液的浓度计算、待测组分的含量计算。

1. 基准物质的称量计算

【例 2-1】　现有配制的 0.1mol/L HCl 溶液，若用基准试剂 Na_2CO_3 标定其浓度，试计算 Na_2CO_3 的称量范围。

解　用 Na_2CO_3 标定 HCl 溶液浓度的反应为

$$2HCl + Na_2CO_3 = 2NaCl + CO_2\uparrow + H_2O$$

Na_2CO_3 的基本单元为 $\frac{1}{2}Na_2CO_3$

$$n\left(\frac{1}{2}Na_2CO_3\right) = n(HCl)$$

则

$$\frac{m(Na_2CO_3)}{M\left(\frac{1}{2}Na_2CO_3\right)} = \frac{c(HCl)V(HCl)}{1000}$$

$$m_{Na_2CO_3} = c(HCl)V(HCl)M\left(\frac{1}{2}Na_2CO_3\right)/1000$$

为保证标定的准确度，HCl 溶液的消耗体积一般在 20～30mL 之间。

$$m_1 = 0.1\times(20/1000)\times53.00g = 0.11g; \quad m_2 = 0.1\times(30/1000)\times53.00g = 0.16g$$

可见为保证标定的准确度，基准试剂 Na_2CO_3 的称量范围应在 0.11～0.16g。

2. 标准滴定溶液浓度计算

【例 2-2】　称取基准物草酸（$H_2C_2O_4\cdot2H_2O$）0.2002g，来标定 0.1 mol/L NaOH 标准滴定溶液，消耗了 NaOH 溶液 28.52mL，计算 NaOH 标准溶液的准确浓度。

解　按题意滴定反应为

$$2NaOH + H_2C_2O_4 = Na_2C_2O_4 + 2H_2O$$

$H_2C_2O_4$ 的基本单元为 $\frac{1}{2}H_2C_2O_4$，

$$c(NaOH) = \frac{1000m(H_2C_2O_4\cdot2H_2O)}{M\left(\frac{1}{2}H_2C_2O_4\cdot2H_2O\right)\cdot V(NaOH)}$$

$$c(NaOH) = \frac{1000\times0.2002}{1/2\times126.1\times28.52}mol/L = 0.1113mol/L$$

答：该 NaOH 溶液的物质的量浓度为 0.1113mol/L。

3. 待测组分含量计算

若设测得试样中待测组分 B 的质量为 m_B（g），则待测组分 B 的质量分数 w_B 为

$$w_B = \frac{m_B}{m_s}\times100$$

按等物质的量规则

$$w_B = \frac{c\left(\frac{1}{Z_A}A\right)V_A M\left(\frac{1}{Z_B}B\right)}{m_s} \times 100\%$$ (2-2)

【例2-3】　用 $c\left(\frac{1}{2}H_2SO_4\right)=0.2020mol/L$ 的硫酸标准滴定溶液测定 Na_2CO_3 试样的含量时，称取 $0.2009g$ Na_2CO_3 试样，消耗 $18.32mL$ 硫酸标准滴定溶液，求试样中 Na_2CO_3 的质量分数。已知 $M(Na_2CO_3)=106.0g/mol$。

解　滴定反应式为

$$H_2SO_4 + Na_2CO_3 == Na_2SO_4 + CO_2\uparrow + H_2O$$

Na_2CO_3 和 H_2SO_4 基本单元分别取 $\frac{1}{2}H_2SO_4$、$\frac{1}{2}Na_2CO_3$。则

$$w_{H_2SO_4} = \frac{c\left(\frac{1}{2}H_2SO_4\right)V(H_2SO_4)M\left(\frac{1}{2}Na_2CO_3\right)}{m_s \times 1000} \times 100\%$$

$$w_{H_2SO_4} = \frac{0.2020 \times 18.32 \times 1/2 \times 106.0}{1000 \times 0.2009} \times 100\% = 97.62\%$$

答：试样中 Na_2CO_3 的质量分数为 97.62%。

【例2-4】　称取铁矿石试样 $0.3143g$ 溶于酸并将 Fe^{3+} 还原为 Fe^{2+}。用 $c\left(\frac{1}{6}K_2Cr_2O_7\right)=0.1200mol/L$ 的 $K_2Cr_2O_7$ 标准滴定溶液滴定，消耗 $K_2Cr_2O_7$ 溶液 $21.30mL$。计算试样中 Fe_2O_3 的质量分数。已知 $M(Fe_2O_3)=159.7g/mol$。

解　滴定反应为

$$Cr_2O_7^{2-} + 6Fe^{2+} + 14H^+ == 2Cr^{3+} + 6Fe^{3+} + 7H_2O$$

按等物质的量规则

$$n\left(\frac{1}{2}Fe_2O_3\right) = n\left(\frac{1}{6}K_2Cr_2O_7\right)$$

则

$$w_{Fe_2O_3} = \frac{c\left(\frac{1}{6}K_2Cr_2O_7\right)V(K_2Cr_2O_7)M\left(\frac{1}{2}Fe_2O_3\right)}{m_s \times 1000} \times 100\%$$

代入数据得

$$w_{Fe_2O_3} = \frac{0.1200 \times 21.30 \times 1/2 \times 159.7}{0.3143 \times 1000} \times 100\% = 64.94\%$$

答：试样中 Fe_2O_3 的质量分数为 64.94%。

【例2-5】　将 $0.2497g$ CaO 试样溶于 $25.00mL$ $c(HCl)=0.2803mol/L$ 的 HCl 溶液中，剩余酸用 $c(NaOH)=0.2786mol/L$ $NaOH$ 标准滴定溶液返滴定，消耗 $11.64mL$。求试样中 CaO 的质量分数。已知 $M(CaO)=54.08g/mol$。

解　测定中涉及的反应式为

$$CaO + 2HCl == CaCl_2 + H_2O$$

$$HCl + NaOH == NaCl + H_2O$$

按题意，CaO 的量是所用 HCl 的总量与返滴定所消耗的 $NaOH$ 的量之差。

即

$$w_{CaO} = \frac{[c(HCl)V(HCl) - c(NaOH)V(NaOH)] \times M\left(\frac{1}{2}CaO\right)}{m_s \times 1000} \times 100\%$$

代入数据得

$$w_{CaO} = \frac{(0.2803 \times 25.00 - 0.2786 \times 11.64) \times 1/2 \times 54.08}{0.2497 \times 1000} \times 100\% = 40.77\%$$

答：试样中 CaO 的质量分数为 40.77%。

【例 2-6】 检验某病人血液中的钙含量，取 2.00mL 血液稀释后，用 $(NH_4)_2C_2O_4$ 溶液处理，使 Ca^{2+} 生成 CaC_2O_4 沉淀，沉淀经过滤、洗涤后，溶解于强酸中，然后用 $c\left(\frac{1}{5}KMnO_4\right) = 0.0500mol/L$ 的 $KMnO_4$ 溶液滴定，用去 1.20mL，试计算此血液中钙的含量。

解 此题采用间接法对被测组分进行滴定，因此应从几个反应中寻找被测物的量与滴定剂之间的关系。按题意，测定经如下几步：

$$Ca^{2+} \xrightarrow{C_2O_4^{2-}} CaC_2O_4 \downarrow \xrightarrow{H^+} H_2C_2O_4 \xrightarrow{KMnO_4 + H^+} 2CO_2 \uparrow$$

$$5C_2O_4^{2-} + 2MnO_4^- + 16H^+ == 10CO_2 \uparrow + 2Mn^{2+} + 8H_2O$$

$KMnO_4$ 的基本单元为 $\frac{1}{5}KMnO_4$，钙的基本单元为 $\frac{1}{2}Ca^{2+}$。根据等物质的量规则，有

$$n\left(\frac{1}{2}Ca^{2+}\right) = n\left(\frac{1}{2}H_2C_2O_4\right) = n\left(\frac{1}{5}KMnO_4\right)$$

$$\rho_{Ca} = \frac{c\left(\frac{1}{5}KMnO_4\right)V(KMnO_4)M\left(\frac{1}{2}Ca\right)}{V_s}$$

$$\rho_{Ca} = \frac{0.0500 \times 1.20 \times \frac{1}{2} \times 40.08}{2.00} = 0.601(g/L)$$

答：此血液中钙的含量为 0.601g/L。

知识点二 酸碱指示剂

一、酸碱指示剂的作用原理

酸碱滴定分析中，一般利用碱指示剂颜色的变化来指示滴定终点。酸碱指示剂是一些有机弱酸或弱碱，这些弱酸或弱碱与其共轭碱或共轭酸具有不同的颜色。

溶液中 pH 变化 → 结构发生变化 → 溶液颜色改变 → 指示终点到达

现以酚酞指示剂（简称 PP）为例加以说明。酚酞是一有机弱酸，其 $K_a = 6 \times 10^{-10}$，它在溶液中的离解平衡可用下式表示：

酸式（无色）　　　　　　碱式（红色）

从离解平衡式可以看出，当溶液由酸性变化到碱性，平衡向右方移动，酚酞由酸式色转变为碱式色，溶液由无色变为红色；反之，由红色变为无色。

二、酸碱指示剂的变色范围

现以弱酸性指示剂 HIn 为例来讨论指示剂的变色与溶液 pH 值之间的定量关系。已知

弱酸性指示剂 HIn 在溶液中的离解平衡为：

$$HIn \rightleftharpoons In^- + H^+$$

酸式色　　碱式色

$$K_{HIn} = \frac{[H^+][In^-]}{[HIn]} \quad 或 \quad \frac{[In^-]}{[HIn]} = \frac{K_{HIn}}{[H^+]}$$

式中，K_{HIn} 为指示剂的离解平衡常数，通常称为指示剂常数。

溶液的颜色就完全取决于溶液的 pH 值。溶液中指示剂两种颜色的浓度差大于等于 10 倍时，我们只能看到浓度较大的那种颜色。如果用溶液的 pH 值表示，则可表示为：

$\frac{[In^-]}{[HIn]} \leqslant \frac{1}{10}$，pH $\leqslant pK_{HIn} - 1$ 时，显酸式色；$\frac{[In^-]}{[HIn]} \geqslant 10$，pH $\geqslant pK_{HIn} + 1$ 时，显碱式色；

$\frac{[In^-]}{[HIn]} = \frac{1}{10} \sim \frac{10}{1}$ 时，pH 在 $pK_{HIn} - 1 \sim pK_{HIn} + 1$ 时，看到的是过渡色。

当 pH 在 $pK_{HIn} - 1 \sim pK_{HIn} + 1$ 之间才能看到指示剂的颜色变化情况，故指示剂的变色范围为：pH $= pK_{HIn} \pm 1$。例如，甲基红 $pK_{HIn} = 5.0$，所以甲基红的理论变色范围为 pH $= 4.0 \sim 6.0$。

由于人眼对各种颜色的敏感程度不同，加上两种颜色之间的相互影响，因此实际观察到的各种指示剂的变色范围并不都是 2 个 pH 单位，而是略有上下。例如，甲基橙的 $pK_{HIn} = 3.4$，理论变色范围为 $2.4 \sim 4.4$，而实际变色范围为 $3.1 \sim 4.4$。这是由于人眼对红色比对黄色更为敏感的缘故。

指示剂的变色范围越窄越好，这样当溶液的 pH 稍有变化时，就能引起指示剂的颜色突变，这对提高测定的准确度是有利的。表 2-5 中列出几种常用酸碱指示剂在室温下水溶液中的变色范围，供使用时参考。

表 2-5　常用酸碱指示剂

指示剂	变色范围 pH	颜色变化	pK_{HIn}	质量浓度
百里酚蓝	$1.2 \sim 2.8$	红-黄	1.7	1g/L 的 20%乙醇溶液
甲基橙	$3.1 \sim 4.4$	红-黄	3.4	0.5g/L 的水溶液
溴甲酚绿	$4.0 \sim 5.6$	黄-蓝	4.9	1g/L 的 20%乙醇溶液或其钠盐水溶液
甲基红	$4.4 \sim 6.2$	红-黄	5.0	1g/L 的 60%乙醇溶液或其钠盐水溶液
溴百里酚蓝	$6.2 \sim 7.6$	黄-蓝	7.3	1g/L 的 20%乙醇溶液或其钠盐水溶液
中性红	$6.8 \sim 8.0$	红-黄橙	7.4	1g/L 的 60%乙醇溶液
苯酚红	$6.8 \sim 8.4$	黄-红	8.0	1g/L 的 60%乙醇溶液或其钠盐水溶液
酚酞	$8.0 \sim 10.0$	无色-红	9.1	10g/L 的乙醇溶液
百里酚蓝	$8.0 \sim 9.6$	黄-蓝	8.9	1g/L 的 20%乙醇溶液
百里酚酞	$9.4 \sim 10.6$	无色-蓝	10.0	1g/L 的 90%乙醇溶液

三、混合指示剂

在某些酸碱滴定中，由于化学计量点附近 pH 值突跃小，使用单一指示剂确定终点无法达到所需要的准确度，这时可考虑采用混合指示剂。

混合指示剂是利用颜色之间的互补作用，使变色范围变窄，从而使终点时颜色变化敏锐。它的配制方法一般有两种：一种是由两种或多种指示剂混合而成。另一种混合指示剂是在某种指示剂中加入一种惰性染料（其颜色不随溶液 pH 值的变化而变化），由于颜色互补使变色敏锐，但变色范围不变。常用的混合指示剂见表 2-6。

表 2-6　混合指示剂

指示剂溶液的组成	变色时 pH 值	颜色		备　注
		酸式色	碱式色	
一份 0.1%甲基黄乙醇溶液 一份 0.1%亚甲基蓝乙醇溶液	3.25	蓝紫	绿	pH=3.2,蓝紫色; pH=3.4,绿色
一份 0.1%甲基橙水溶液 一份 0.25%靛蓝二磺酸水溶液	4.1	紫	黄绿	
一份 0.1%溴甲酚绿钠盐水溶液 一份 0.2%甲基橙水溶液	4.3	橙	蓝绿	pH=3.5,黄色;pH=4.05,绿色;pH=4.3,浅绿
三份 0.1%溴甲酚绿乙醇溶液 一份 0.2%甲基红乙醇溶液	5.1	酒红	绿	
一份 0.1%百里酚蓝 50%乙醇溶液 三份 0.1%酚酞 50%乙醇溶液	9.0	黄	紫	从黄到绿,再到紫

任务考核评价

0.1mol/L NaOH 标准滴定溶液的标定

得分合计：_____

项目	考　核　内　容		分值		得分
（一） 天平称量 （12分）	天平零点和水平检查、托盘清扫		2		
	干燥器盖子放置		2		
	持瓶方法		2		
	试剂或样品洒落		2/次		
	重称（每次扣2分）		—		
	称样量范围		2		
	称量结束工作		2		
（二） 滴定操作 （20分）	滴定管试漏		2		
	滴定管润洗		2		
	滴定前管尖残液处理		2		
	滴定动作		4		
	滴定过程中滴定管气泡处理		2		
	重做（扣2分）		—		
	终点控制（2分/次）		4		
	读数（2分/次）		4		
（三） 文明考试 （8分）	穿实验服,文明操作		2		
	实验结束清洗仪器、试剂物品归位		4		
	仪器损坏		2		
（四） 数据报告单 （60分）	原始数据记录及时、正确,更改（扣1分/个）		4		
	有效数字运算正确（2分/个）		6		
	计算方法及结果正确		10		
	结果精密度	极差的相对值≤0.15%	20	20	
		0.15%＜极差的相对值≤0.5%	15		
		0.5%＜极差的相对值≤1%	10		
		1%＜极差的相对值≤2%	5		
		极差的相对值＞2%	0		
	结果准确度	相对误差≤0.15%	20	20	
		0.15%＜相对误差≤0.5%	15		
		0.5%＜相对误差≤1%	10		
		1%＜相对误差≤2%	5		
		相对误差＞2%	0		
备注	评分细则可根据实际情况微调。以下情境中任务的考核评价参考此评分标准				

任务二　硫酸铵肥料中氨态氮含量的测定

【任务描述】

有一片种植玉米的庄稼地，施用了某化肥厂生产的一批硫酸铵肥料，结果出现植株生长矮小细弱，叶色变淡，花和果实少，成熟提早，产量、品质下降的现象。请你对施用的硫酸铵肥料中氨态氮含量进行测定，看是否合格，并出具检验报告单。

【任务实施】

1. 原理(甲醛法　GB 535—1995)

在中性溶液中，铵盐与甲醛反应，定量生成$(CH_2)_6N_4H^+$(六亚甲基四胺的共轭酸)和H^+，反应中生成的酸用 NaOH 标准滴定溶液滴定。以酚酞为指示液，滴定至浅粉红色 30s 不褪即为终点。反应如下：

$$4NH_4^+ + 6HCHO \longrightarrow (CH_2)_6N_4H^+ + 3H^+ + 6H_2O$$
$$(CH_2)_6N_4H^+ + 3H^+ + 4OH^- \longrightarrow (CH_2)_6N_4 + 4H_2O$$

市售 40% 甲醛中含有少量的甲酸，使用前必须先以酚酞为指示剂，用氢氧化钠溶液中和，否则会使测定结果偏高。一般情况下，化肥中常含有游离酸，应利用中和法除去。

2. 试剂和材料

(1) 氢氧化钠标准滴定溶液　$c(NaOH) = 0.5mol/L$。

(2) 中性甲醛　1+1，使用时应以酚酞为指示剂，用 0.5mol/L 氢氧化钠标准溶液中和至粉红色。

(3) 酚酞指示剂　10g/L 乙醇溶液。

3. 分析步骤

称取 1g 试样，称准至 0.0001g，置于 250mL 锥形瓶中，用 100~120mL 水溶解，加入 15mL 甲醛溶液至试液中，再加入 3 滴酚酞指示剂溶液，混匀，放置 5min，用 0.5mol/L 氢氧化钠标准溶液滴定至浅红色，经 1min 不消失（或滴定至 pH 计指示 pH8.5）为终点。同时做空白试验。

取平行测定结果的算术平均值为测定结果，平行测定结果的绝对差值不大于 0.06%；不同实验室测定结果的绝对差值不大于 0.12%。

问题探究

Ⅰ. 试液中加入甲醛溶液后，为什么要放置 5min？

Ⅱ. 本法中加入甲醛的作用是什么？为什么需使用中性甲醛？甲醛未经中和对测定结果有何影响？

Ⅲ. $c(NaOH) = 0.5mol/L$ 如何制备？

Ⅳ. 本实验的原理是什么？计算氮含量的计算公式是什么？

Ⅴ. 弱酸或弱碱物质能被准确测定的条件是什么？本法测定铵盐中氮含量时，为什么不能用碱标准溶液直接滴定？

知识点三　酸碱质子理论及酸碱水溶液中[H$^+$]计算

一、酸碱质子理论

酸碱质子理论定义：凡是能给出质子（H$^+$）的物质就是酸；凡是能接受质子的物质就是碱。这种理论不仅适用于以水为溶剂的体系，而且也适用于非水溶剂体系。

酸碱质子理论中的酸和碱不是孤立的，而是相互依存的。酸（HA）给出质子后生成了碱（A$^-$），碱（A$^-$）接受质子后生成了酸（HA）。酸和碱的这种相互依存的关系叫做共轭关系，可用下式表示：

酸碱半反应　　HA ⇌ H$^+$ + A$^-$　　（H$^+$与A$^-$称为共轭酸碱对）

常见的共轭酸碱对见表2-7。

表2-7　常见共轭酸碱对

酸	碱	酸	碱
HNO$_3$	NO$_3^-$	H$_3$PO$_4$	H$_2$PO$_4^-$
H$_3$O$^+$	H$_2$O	H$_2$PO$_4^-$	HPO$_4^{2-}$
H$_2$O	OH$^-$	HPO$_4^{2-}$	PO$_4^{3-}$

由此可见，酸碱可以是阳离子、阴离子，也可以是中性分子。酸碱半反应是不可能单独进行的，酸在给出质子同时必定有另一种碱来接受质子。HCl的水溶液之所以能表现出酸性，是由于HCl和水溶剂之间发生了质子转移反应的结果。

水分子具有两性作用。水分子之间存在质子的传递作用，称为水的质子自递作用。这个作用的平衡常数称为水的质子自递常数，用K_w表示，即水的离子积，25℃时约等于10^{-14}。

对于共轭酸碱对HA-A$^-$而言，其在水溶液中共轭酸碱对的K_a、K_b值之间满足

$$K_a K_b = K_w$$

因此，对于共轭酸碱对来说，如果酸的酸性越强，则其对应共轭碱的碱性则越弱；反之，酸的酸性越弱，则其对应共轭碱的碱性则越强。

二、酸碱水溶液中H$^+$浓度计算

酸度是影响水溶液化学平衡最重要的因素之一，常用H$^+$浓度表示溶液的酸度，因此溶液中H$^+$的计算具有重要的实际意义。常见酸溶液计算［H$^+$］的简化公式见表2-8。

表2-8　常见酸溶液计算［H$^+$］的简化公式

类别	计算公式	类别	计算公式
一元强酸	近似式：[H$^+$]=c_a	两性物质	酸式盐　最简式：[H$^+$]=$\sqrt{K_{a_1}K_{a_2}}$
一元弱酸	最简式：[H$^+$]=$\sqrt{cK_a}$		弱酸弱碱盐　最简式：[H$^+$]=$\sqrt{K_aK_a'}$
二元弱酸	最简式：[H$^+$]=$\sqrt{c_aK_{a_1}}$	缓冲溶液	最简式：[H$^+$]=$\dfrac{c_a}{c_b}K_a$

若需要计算强碱、一元弱碱以及二元弱碱等碱性物质的pH时，只需将计算式及使用条件中的［H$^+$］和K_a相应地换成［OH$^-$］和K_b即可。

三、酸碱缓冲溶液

酸碱缓冲溶液是一种在一定的程度和范围内对溶液酸度起到稳定作用的溶液，含有弱酸

及其共轭碱或弱碱及其共轭酸的溶液体系能够抵抗外加少量酸、碱或加水稀释，而本身 pH 基本保持不变的溶液。缓冲溶液的重要作用是控制溶液的 pH。

1. **缓冲溶液的类型**

缓冲溶液的类型见表 2-9。

表 2-9　缓冲溶液的类型

类型	举例
共轭酸碱对 HA-A$^-$	HAc-NaAc 或 NH$_3$-NH$_4$Cl
高浓度的强酸或是强碱	pH$<$2 或 pH$>$12

2. **缓冲范围**

缓冲溶液抵御少量酸碱的能力称为缓冲能力，缓冲溶液的缓冲能力有一定的限度。当加入酸或碱量较大时，缓冲溶液就失去缓冲能力。

实验表明，当 c_a/c_b 在 0.1~10 之间时，其缓冲能力可满足一般的实验要求，即 pH$=$pK$_a\pm1$ 或 pOH$=$pK$_b\pm1$ 为缓冲溶液的有效缓冲范围，超出此范围，则认为失去缓冲作用。当 $c_a/c_b=1$ 时，缓冲能力最强。

3. **缓冲溶液 pH 的计算及配制**

作为控制溶液酸度的一般缓冲溶液，因为共轭酸碱组分的浓度不会很低，对计算结果也不要求十分准确，可以采用近似公式进行其 pH 值计算，常用缓冲溶液的配制见表 2-10。

表 2-10　常用缓冲溶液的配制

pH	配　制　方　法
4.5	NaAc·3H$_2$O 32g,溶于适量水中,加 6mol/L HAc 68mL,稀释至 500mL
5.7	NaAc·3H$_2$O 100g,溶于适量水中,加 6mol/L HAc 13mL,稀释至 500mL
8.5	NH$_4$Cl 40g,溶于适量水中,加 15mol/L 氨水 8.8mL,稀释至 500mL
9.0	NH$_4$Cl 35g,溶于适量水中,加 15mol/L 氨水 24mL,稀释至 500mL
9.5	NH$_4$Cl 30g,溶于适量水中,加 15mol/L 氨水 65mL,稀释至 500mL
10.0	NH$_4$Cl 27g,溶于适量水中,加 15mol/L 氨水 197mL,稀释至 500mL
10.5	NH$_4$Cl 9g,溶于适量水中,加 15mol/L 氨水 175mL,稀释至 500mL

【例 2-7】 配制 pH$=$4.00 总浓度为 1.0mol/L 的 HAc-NaAc 缓冲溶液 1.0L，HAc 和 NaAc 各需多少克？（$K_a=1.8\times10^{-5}$，pK$_a=4.74$）

解　$c(\text{HAc})+c(\text{NaAc})=1.0\text{mol/L}$　　则 $c(\text{HAc})=1.0-c(\text{NaAc})$

$$4.00=4.74+\lg\frac{c(\text{NaAc})}{1.0-c(\text{NaAc})}$$

$c(\text{HAc})=0.85\text{mol/L};c(\text{NaAc})=0.15\text{mol/L};$

需 HAc 的质量：　$m=0.85\times60=51$（g）

需 NaAc 的质量：　$m=0.15\times82.034=12$（g）

知识点四　酸碱滴定基本原理

在酸碱滴定过程中，溶液中随着滴定剂的加入，溶液酸度逐渐变化。只有了解不同类型酸碱滴定过程中溶液酸度的变化规律，才能选择合适的指示剂，正确指示滴定终点。

在滴定过程中用来描述加入不同量标准滴定溶液（或不同中和百分数）时溶液 pH 变化的曲线称为酸碱滴定曲线。

一、强酸强碱的滴定

1. 强碱滴定强酸

反应原理 $\qquad OH^- + H^+ \Longrightarrow H_2O$

现以 0.1000mol/L NaOH 滴定 20.00mL 0.1000mol/L HCl 为例进行讨论。

（1）绘制滴定曲线

① 滴定开始前（$V=0$） 溶液的 pH 由此时 HCl 溶液的酸度决定。即

$$[H^+] = 0.1000 \text{mol/L}$$

$$pH = 1.00$$

② 滴定开始至化学计量点前（$V < V_0$） 溶液的 pH 由剩余 HCl 溶液的酸度决定。

例如，滴入 NaOH 溶液 19.98mL 时（产生 -0.1% 相对误差），溶液中剩余 HCl 0.02mL，

$$[H^+] = \frac{0.1000 \times 0.02}{20.00 + 19.98} \text{mol/L} = 5.00 \times 10^{-5} \text{mol/L}$$

$$pH = 4.30$$

③ 化学计量点时（$V = V_0$） 溶液的 pH 值由体系产物的离解决定。此时溶液中的 HCl 全部被 NaOH 中和，溶液呈中性，即

$$[H^+] = [OH^-] = 1.00 \times 10^{-7} \text{mol/L}$$

$$pH = 7.00$$

④ 化学计量点后（$V > V_0$） 溶液的 pH 值由过量的 NaOH 浓度决定。

例如，加入 NaOH 20.02mL 时（产生 $+0.1\%$ 相对误差），此时溶液中 $[OH^-]$ 为

$$[OH^-] = \frac{0.1000 \times 0.02}{20.00 + 20.02} \text{mol/L} = 5.00 \times 10^{-5} \text{mol/L}$$

$$pOH = 4.30; \quad pH = 9.70$$

用类似方法可计算出滴定过程中加入任意体积 NaOH 时溶液的 pH 值，列于表 2-11 中。

表 2-11 用 0.1000mol/L NaOH 溶液滴定 20.00mL 0.1000mol/L HCl 时 pH 值的变化

加入 NaOH 体积 /mL	HCl 被滴定 分数/%	剩余 HCl 体积 /mL	过量 NaOH 体积 /mL	$[H^+]$	pH 值
0.00	0.00	20.00		1.00×10^{-1}	1.00
18.00	90.00	2.00		5.26×10^{-3}	2.28
19.80	99.00	0.20		5.02×10^{-4}	3.30
19.98	99.90	0.02		5.00×10^{-5}	4.30 ⎫ 突
20.00	100.00	0.00		1.00×10^{-7}	7.00 ⎬ 跃
20.02	100.1		0.02	2.00×10^{-10}	9.70 ⎪ 范
20.20	101.0		0.20	2.01×10^{-11}	10.70 ⎭ 围
22.00	110.0		2.00	2.10×10^{-12}	11.68
40.00	200.0		20.00	5.00×10^{-13}	12.52

（2）滴定曲线的形状和滴定突跃

以溶液的 pH 值为纵坐标，以 NaOH 的加入量（或滴定百分数）为横坐标，可绘制出

强碱滴定强酸的滴定曲线，如图 2-1 所示，可把滴定曲线大致分为三个区域。

①　酸缓冲区　此区域的特征是随着滴定剂的加入，体系 pH 值的变化缓慢。NaOH 加入 18mL，而体系的 pH 仅仅改变 1.28 个单位。

②　滴定突跃区　此区域的特征是当滴定百分数从 99.9% 变化至 100.1%，体系的 pH 值发生了突变，从 pH4.3 突变至 pH9.7，这种 pH 值的突然改变称为滴定突跃。突跃所在的 pH 范围称为滴定突跃范围。

③　碱缓冲区　此区域的特征是随着过量滴定剂的加入，体系 pH 值的变化趋于平缓。这是因为随着过量 NaOH 浓度的增大，强碱的缓冲容量增大，滴定曲线趋于平坦。

滴定的突跃大小还必然与被滴定物质及标准溶液的浓度有关。一般说来，酸碱浓度增大 10 倍，则滴定突跃范围就增加 2 个 pH 单位；反之，若酸碱浓度减小 10 倍，则滴定突跃范围就减少 2 个 pH 单位。不同浓度的强碱滴定强酸的滴定曲线如图 2-2 所示。

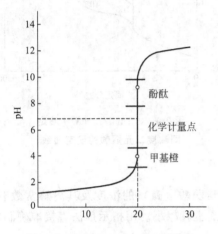

图 2-1　0.1000mol/L NaOH 滴定
0.1000mol/L HCl 滴定曲线

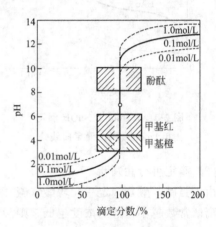

图 2-2　不同浓度的强碱滴定
强酸的滴定曲线

（3）指示剂的选择

滴定突跃是选择指示剂的依据，凡变色点的 pH 处于滴定突跃范围内的指示剂均适用。选择指示剂的原则：一是指示剂的变色范围全部或部分地落入滴定突跃范围内；二是指示剂的变色点尽量靠近化学计量点。

2. **强碱滴定一元弱酸**

现以 0.1000mol/L NaOH 滴定 20.00mL 0.1000mol/L HAc 为例：

反应原理　$OH^- + HA \rightleftharpoons A^- + H_2O$

（1）滴定曲线及指示剂的选择

依次计算出滴定过程中溶液的 pH，然后绘制滴定曲线，如图 2-3 所示。由图 2-3 可以看出，强碱滴定弱酸的突跃范围是 7.76～9.70，且主要集中在弱碱性区域，其化学计量点时（pH=8.73），溶液也不是呈中性而呈弱碱性。

当 $V(NaOH)$=10.00mL 时，[HAc]/[NaAc]=1，缓冲能力最强。在其附近 pH 值变化

> 想一想：用 0.1000mol/L HCl 标准滴定溶液滴定 20.00mL 0.1000mol/L NaOH，滴定曲线形状如何？选择何种指示剂？

缓慢，曲线较平坦。

指示剂的选择：除了前面述及的两点外，还要依据化学计量点溶液的 pH，定性选择在酸性或碱性范围内变色的指示剂。

对于用 0.1000mol/L NaOH 滴定 0.1000mol/L HAc 而言，依据其突跃范围为 7.76～9.70。因此，在酸性区域变色的指示剂如甲基红、甲基橙等均不能使用，而只能选择酚酞、百里酚蓝等在碱性区域变色的指示剂。

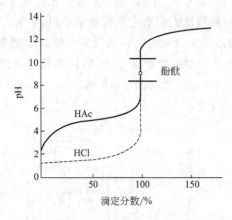

图 2-3　0.1mol/L NaOH 滴定
0.1mol/L HAc 滴定曲线

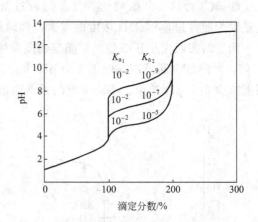

图 2-4　0.1mol/L NaOH 滴定
同浓度二元弱酸的滴定曲线

（2）滴定可行性判断

由于强碱（酸）滴定一元弱酸（碱）突跃范围与弱酸（碱）的浓度及其离解常数有关。酸的离解常数越小，酸的浓度越低，则滴定突跃范围也就越小。用指示剂法直接准确滴定一元弱酸的条件是：

$$c_0 K_a \geqslant 10^{-8} \text{且} c_0 \geqslant 10^{-3} \text{mol/L}$$

同理，能够用指示剂法直接准确滴定一元弱碱的条件是：

$$c_0 K_b \geqslant 10^{-8} \text{且} c_0 \geqslant 10^{-3} \text{mol/L}$$

二、多元酸碱的滴定

多元酸碱的滴定比一元酸碱的滴定复杂，这是因为如果考虑能否直接准确滴定的问题，就意味着必须考虑两种情况：一是能否滴定酸或碱的总量，二是能否分步滴定。

经实验证明，多元酸的滴定可按下述原则判断：

① 当 $c_a K_{a_1} \geqslant 10^{-8}$，这一级离解的 H^+ 可以被直接滴定；

② 当 $c_a K_{a_1} \geqslant 10^{-8}$，$c_a K_{a_2} \geqslant 10^{-8}$，$K_{a_1}/K_{a_2} \geqslant 10^5$ 时，出现两个滴定突跃，可分步滴定；

③ 当 $c_a K_{a_1} \geqslant 10^{-8}$，$c_a K_{a_2} \geqslant 10^{-8}$，$K_{a_1}/K_{a_2} < 10^5$ 时，出现一个滴定突跃，不可分步滴定。

0.1000mol/L NaOH 滴定 20.00mL 0.1000mol/L 二元弱酸 H_2A 溶液滴定曲线如图 2-4 所示。滴定过程

$$H_2A \xrightarrow[\text{第一步}]{OH^-} HA^- \xrightarrow[\text{第二步}]{OH^-} A^{2-}$$

知识要点

一、滴定分析中的计算

Ⅰ．滴定剂 A 与被测组分 B 根据等物质的量规则计算

$$n_A = n_B; c_A V_A = c_B V_B; \frac{m_A}{M_A} = c_B V_B; w_B = \frac{c\left(\frac{1}{Z_A}A\right)V_A M\left(\frac{1}{Z_B}B\right)}{m_s} \times 100\%$$

Ⅱ．注意使用正确的基本单元，有效数字的正确运用。

二、酸碱指示剂

Ⅰ．指示剂作用原理：pH 变化引起指示剂结构变化，从而导致溶液颜色变化。

Ⅱ．指示剂变色范围 $pH = pK_a \pm 1$，常见酸碱指示剂 MO、PP、MR 变色范围。

Ⅲ．混合指示剂：使变色范围变窄，从而使终点时颜色变化敏锐。

三、酸碱质子理论及酸度计算

Ⅰ．酸碱质子理论 $HA \rightleftharpoons H^+ + A^-$ $pK_a + pK_b = pK_w$ （共轭酸碱性质）

水的离子积常数 $K_w = [H^+][OH^-] = 10^{-14}$

Ⅱ．常见酸溶液计算 $[H^+]$ 的简化公式见表 2-8。

Ⅲ．缓冲范围 $pH = pK_a \pm 1$。

四、酸碱滴定基本原理

Ⅰ．酸碱滴定曲线和滴定突跃

滴定突跃：化学计量点前后 0.1% 处对应的 pH 范围。

Ⅱ．酸碱指示剂的选择方法

a）指示剂的变色范围全部或部分地落入滴定突跃范围内。

b）定量计算化学计量点时溶液 pH，使指示剂变色点尽量靠近化学计量点。

c）定性选择在酸性范围或碱性范围内变色的指示剂。

Ⅲ．弱酸（碱）滴定可行性判断（表 2-12）。

表 2-12 弱酸（碱）滴定可行性判断

滴定反应	满足条件
一元弱酸弱碱	$cK_a \geqslant 10^{-8}$ 或 $cK_b \geqslant 10^{-8}$
多元弱酸弱碱分步滴定	$cK_{a_1} \geqslant 10^{-8}, cK_{a_2} \geqslant 10^{-8}$ 且 $K_{a_1}/K_{a_2} \geqslant 10^5$ $cK_{b_1} \geqslant 10^{-8}, cK_{b_2} \geqslant 10^{-8}$ 且 $K_{b_1}/K_{b_2} \geqslant 10^5$

Ⅳ．酸碱标准溶液的配制（表 2-13）。

表 2-13 酸碱标准溶液的配制

常用的标准溶液	配制方法	标定用的基准物质	
HCl	标定法	无水 Na_2CO_3	硼砂（$Na_2B_4O_7 \cdot 10H_2O$）
NaOH	标定法	邻苯二甲酸氢钾（KHP）	二水合草酸（$H_2C_2O_4 \cdot 2H_2O$）

拓展任务三　HCl 标准滴定溶液的制备

【任务描述】

以 HCl 标准滴定溶液为主线的拓展任务，此任务完全由大家独立自主完成，包括基准物质的称量、预消耗计算等。但要注意滴定终点颜色的控制，可以预实验反复训练正确的判断终点后再进行标定。标定后的 HCl 溶液可以用来测定混合碱、药用硼砂、蛋壳中碳酸钙含量的测定等。

【任务实施】

1. 原理

由于浓盐酸具有挥发性，所以配制时应采用间接法配制，用于标定 HCl 标准溶液的基准物有无水碳酸钠和硼砂等，如表 2-14 所示。

表 2-14　标定 HCl 溶液

基准物	无水碳酸钠（Na_2CO_3）	硼砂（$Na_2B_4O_7 \cdot 10H_2O$）
基准物简介	Na_2CO_3 容易吸收空气中的水分，使用前必须在 270～300℃高温炉中灼烧至恒重，然后密封于称量瓶内，保存在干燥器中备用	硼砂容易提纯，且不易吸水，由于其摩尔质量大，因此直接称取单份基准物作标定时，称量误差就相当小。应把它保存在相对湿度为 60% 的恒湿器中
反应式	$2HCl + Na_2CO_3 = 2NaCl + CO_2 \uparrow + H_2O$	$Na_2B_4O_7 + 2HCl + 5H_2O = 4H_3BO_3 + 2NaCl$
指示剂	用溴甲酚绿-甲基红混合指示剂指示终点。终点为暗红色	选用甲基红作指示剂，终点时溶液颜色由黄变橙，变色较为明显
保存	普通的玻璃试剂瓶中，贴好标签	

注：GB/T 601—2002 中采用无水 Na_2CO_3 标定。

2. 试剂准备

(1) 浓盐酸（密度 1.19g/mL）。

(2) 溴甲酚绿-甲基红混合液指示剂。

(3) 无水 Na_2CO_3 基准物质。

3. 分析步骤

(1) 配制

按表 2-15 的规定量取盐酸，注入 1000mL 水中，摇匀。

表 2-15　盐酸取用量

盐酸标准滴定溶液的浓度[$c(HCl)$]/(mol/L)	盐酸的体积 V/mL
1	90
0.5	4.5
0.1	9

(2) 标定

按表 2-16 的规定称取于 270～300℃高温炉中灼烧至恒重的工作基准试剂无水碳酸钠，溶于 50mL 水中，加 10 滴溴甲酚绿-甲基红指示液，用配制好的盐酸溶液滴定至溶液由绿色变为暗红色，煮沸 2min，冷却后继续滴定至溶液再呈暗红色。同时做空白试验。

表 2-16　无水碳酸钠取用量

$c(HCl)/(mol/L)$	工作基准试剂无水碳酸钠的质量 m/g
1	1.9
0.5	0.95
0.1	0.2

4. 注意事项

(1) 干燥至恒重的无水 Na_2CO_3 有吸湿性，因此宜采用"减量法"称取，并应迅速称量。

(2) 近终点时要煮沸溶液，以避免由于溶液中 CO_2 过饱和而造成假终点。

问题探究

Ⅰ. HCl 标准滴定溶液能否采用直接标准法配制？为什么？

Ⅱ. 配制 160mL 溴甲酚绿-甲基红指示液，如何配制？

Ⅲ. 基准物质无水碳酸钠为何要预处理灼烧至恒重？

Ⅳ. 注意观察实验过程中锥形瓶颜色变化，并分析变化的原因。

Ⅴ. 加热煮沸的目的是什么？

Ⅵ. 除用无水碳酸钠作基准物质标定盐酸，还可用什么作基准物？

拓展任务四　混合碱的分析

【任务描述】

工业用氢氧化钠由于在保存过程中具有吸湿性，致使其纯度下降，而产生 Na_2CO_3；或者 Na_2CO_3 保存不当，也会引入 $NaHCO_3$，所以要检测各自含量。本任务采用双指示剂法测定混合碱。要求误差在 1% 以内。

【任务实施】

1. 原理

混合碱是 NaOH 与 Na_2CO_3，或 Na_2CO_3 与 $NaHCO_3$ 的混合物，采用双指示剂法，可以测定各组分的含量。见知识拓展　混合碱测定方法——双指示剂法。

2. 试剂准备

(1) 混合碱试样。

(2) 甲基橙指示剂　1g/L 水溶液。

(3) 酚酞指示剂　10g/L 乙醇溶液。

(4) HCl 标准溶液　$c(HCl)=0.1mol/L$。

3. 分析步骤

① 准确称取混合碱试样 1.5～2.0g，定容于 250mL 容量瓶中，用水稀释至刻度线，充分摇匀。

② 准确移取试液 25.00mL 于 250mL 锥形瓶中，加入 2 滴酚酞指示剂，用盐酸标准溶液

滴定，边滴加边充分摇动（避免局部 Na_2CO_3 直接被滴至 H_2CO_3），滴定至溶液由红色恰好褪至无色为止，此时即为 ep_1，记下所消耗 HCl 标准溶液体积 V_1。然后再加 2 滴甲基橙指示剂，继续用上述盐酸标准溶液滴定至溶液由黄色恰好变为橙色，即为 ep_2，记下所消耗 HCl 标准溶液的体积 V_2。平行测定三次。计算试样中各组分的含量。

4. 注意事项

（1）在第一终点滴完后的锥形瓶中加甲基橙，立即滴 V_2。千万不能在三个锥形瓶先分别滴 V_1，再分别滴 V_2。

（2）在到达第一终点前，不要因为滴定速度过快，造成溶液中 HCl 局部过浓，引起 CO_2 的损失，带来较大的误差，滴定速度亦不能太慢，摇动要均匀。

（3）临近第二终点时，一定要充分摇动，以防止形成 CO_2 的过饱和溶液而使终点提前。

5. 数据记录

混合碱测定数据记录见表 2-17。

表 2-17　混合碱测定

滴定序号			1	2	3
混合碱溶液的体积/mL			25.00	25.00	25.00
HCl 溶液的体积/mL	第一终点读数/mL				
	第二终点读数/mL				
	实际体积/mL	V_1			
		V_2			
混合碱溶液的组成	组分 1	计算值/%			
		平均值/%			
	组分 2	计算值/%			
		平均值/%			

结论：混合碱溶液组成是：NaOH _____；$NaHCO_3$ _____；Na_2CO_3 _____。

问题探究

Ⅰ. 有一碱性溶液，可能是 NaOH、$NaHCO_3$ 或 Na_2CO_3、或其中两者的混合物，用双指示剂法进行测定，试判断上述溶液的组成。

（1）$V_1 = 0$，$V_2 \neq 0$　　　（2）$V \neq 0$，$V_2 = 0$　　　（3）$V_1 = V_2 \neq 0$

（4）$V_1 > V_2 > 0$　　　（5）$V_2 > V_1 > 0$

Ⅱ. 某混合碱试样可能含有 NaOH、Na_2CO_3、$NaHCO_3$ 中的一种或两种。称取该试样 0.3019g，用酚酞为指示剂，滴定用去 0.1032mol/L HCl 标准滴定溶液 20.10mL；继续加甲基橙作指示剂，继续用该 HCl 标准滴定溶液滴定，一共用去 HCl 标准滴定溶液 47.00mL。试判断试样的组成及各组分的质量分数。

知识拓展　混合碱测定方法——双指示剂法

混合碱的组分主要有：NaOH、Na_2CO_3、$NaHCO_3$，由于 NaOH 与 $NaHCO_3$ 不可能共存，因此混合碱的组成为 NaOH 与 Na_2CO_3 的混合物，或者为 Na_2CO_3 与 $NaHCO_3$ 的混合物。下面主要讨论双指示剂法。双指示剂法：采用两种指示剂，得到两个滴定终点的方法。

1. 烧碱中 NaOH 和 NaCO₃ 含量的测定

用分析天平准确称取一定量的试样，以酚酞为指示剂，用 HCl 标准溶液滴定至终点，再继续加入甲基橙并滴定到第二个终点。前后两次消耗 HCl 标准溶液体积分别为 V_1 和 V_2。滴定过程如图 2-5 所示。

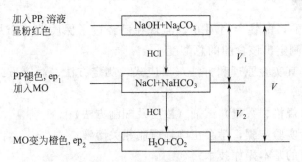

图 2-5　烧碱中 NaOH 和 NaCO₃ 含量测定过程

由图 2-5 可知，根据反应的化学计量关系，消耗的体积 $V_1 > V_2$，滴定 NaOH 消耗的 HCl 溶液的体积为 $V_1 - V_2$，滴定 Na_2CO_3 用去的体积为 $2V_2$。若混合碱试样质量为 m_s，则

$$w(NaOH) = \frac{c(HCl)(V_1 - V_2)M(NaOH)}{m_s} \times 100\% \tag{2-3}$$

$$w(Na_2CO_3) = \frac{2c(HCl)V_2 M\left(\frac{1}{2}Na_2CO_3\right)}{m_s} \times 100\% \tag{2-4}$$

由以上可进行反推，即当 $V_1 > V_2$ 时，可判断混合碱组成为 NaOH 和 Na_2CO_3。

双指示剂法虽然操作简便，但是由于酚酞是由粉红色变到无色，误差在 1% 左右。

2. 饼干中 Na₂CO₃ 和 NaHCO₃ 含量的测定

滴定过程如图 2-6 所示，消耗的 HCl 标准溶液的体积为 $V_2 > V_1$。

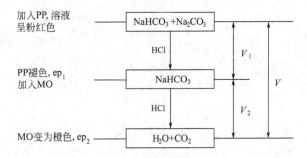

图 2-6　饼干中 Na₂CO₃ 和 NaHCO₃ 含量滴定过程

$$w(Na_2CO_3) = \frac{2c(HCl)V_1 M\left(\frac{1}{2}Na_2CO_3\right)}{m_s} \times 100\% \tag{2-5}$$

$$w(NaHCO_3) = \frac{c(HCl)(V_2 - V_1)M\left(\frac{1}{2}Na_2CO_3\right)}{m_s} \times 100\% \tag{2-6}$$

由以上可进行反推，即当 HCl 溶液消耗体积为 $V_1 < V_2$ 时，可判断混合碱组成为 Na_2CO_3 和 $NaHCO_3$。

能力考核　食醋中总酸度的测定

【考核目标】

现有一瓶食用白醋，标签上写明 6°，但现在已经过了保质期三个月，请你运用自己所学的酸碱滴定知识，测定出该食醋的总酸度。

1. 能正确地理解其实验原理和方法（反应式、测定方法、滴定方式、指示剂及终点现象）；

2. 需用的仪器（规格、数量）试剂（浓度及配制方法）；

3. 能正确地设计实验步骤，学会正确地配制相关溶液；

4. 掌握容量分析的基本操作技术；

5. 熟练掌握数据处理与表格设计等内容；

6. 文明安全操作，仪器无损坏，守纪律，注意公共卫生。

实验原理、仪器和试剂、分析步骤、数据处理均由学生自行设计。

【任务提示】

1. 食醋的主要组分是醋酸，此外还含有少量其他弱酸如乳酸等。以醋酸（g/100mL）来表示其含量。

2. 浓度较大时，滴定前要适当稀释。请选择合适的稀释倍数。

配位滴定法测定物质含量

【情境导入】　配位滴定法是以生成稳定的配合物反应为基础的滴定分析方法，也称络合滴定法。配位滴定中最常用的配位剂是 EDTA（乙二胺四乙酸），所以配位滴定法又称 ED-TA 滴定法。用 EDTA 为标准滴定溶液可以滴定工业硫酸铝中铝、保险丝中铅、自来水中钙和镁（硬度）、硫酸镍中镍、钙制剂中钙含量等几十种金属离子的测定。

   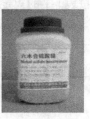

| 工业硫酸铝 | 保险丝 | 水样 | 硫酸镍 |

配位滴定与酸碱滴定法有许多相似之处，学习时可对照比较，但配位滴定也有自身的特点，内容更复杂。配位反应在分析化学中应用广泛，有关理论和实践知识是化学分析重要的内容之一。

本教学情境以三个工作任务为引领，进行理实一体化教学，学生要能够依据国标或技术规范独立完成拓展任务及能力考核，出具检验报告单。

引领任务	拓展任务	能力考核
任务一　EDTA 标准滴定溶液的制备 任务二　自来水硬度的测定	拓展任务三　铅铋混合液中 Pb^{2+}、Bi^{3+} 含量的连续测定	工业硫酸铝中铝含量的测定

任务一　EDTA 标准滴定溶液的制备

【任务描述】

EDTA 难溶于水，通常采用其二钠盐（$Na_2H_2Y \cdot 2H_2O$）配制标准滴定溶液。该标准溶液常用间接方法配制。即先把 EDTA 配成接近所需浓度的溶液，常用的浓度是 $0.01 \sim 0.1mol/L$，然后用基准物质标定。标定好的标准溶液可以用来测定多种金属离子。

【任务实施】

1. 原理

标定 EDTA 溶液的基准试剂较多，如金属锌、铜、银、铅以及 ZnO、$CaCO_3$ 等。用 ZnO 基准物标定，溶液酸度控制在 pH＝10 的 NH_3-NH_4Cl 缓冲溶液中，以铬黑 T（EBT）

作指示剂直接滴定，终点由红色变为纯蓝色。

配制好的 EDTA 溶液应贮存在聚乙烯塑料瓶或硬质玻璃瓶中。若贮存在软质玻璃瓶中，EDTA 会不断地溶解玻璃中的 Ca^{2+}、Mg^{2+} 等离子形成配合物，使其浓度不断降低。

2. 任务准备

(1) 乙二胺四乙酸二钠盐（$Na_2H_2Y \cdot 2H_2O$）。

(2) HCl 浓、20%。

(3) 氨水 10%。

(4) NH_3-NH_4Cl 缓冲溶液 pH=10。

(5) 铬黑 T 5g/L。

(6) 基准试剂氧化锌 于 800℃±50℃的高温炉中灼烧至恒重。

3. 分析步骤

(1) 配制

按表 3-1 的规定量称取乙二胺四乙酸二钠，加 1000mL 水，加热溶解，冷却，摇匀。

表 3-1 乙二胺四乙酸二钠取用量

EDTA 标准滴定溶液的浓度[c(EDTA)]/(mol/L)	乙二胺四乙酸二钠的质量(m)/g
0.1	40
0.05	20
0.02	8

(2) 标定

① EDTA 标准滴定溶液 c［（EDTA）=0.1mol/L］、［c（EDTA）=0.05mol/L］ 按表 3-2 的规定量称取工作基准试剂氧化锌，用少量水湿润，加 2mL 盐酸溶液（20%）溶解，加 100mL 水，用氨水溶液调节溶液 pH 至 7～8，加 10mL 氨-氯化铵缓冲溶液及 5 滴铬黑 T 指示液，用配制好的 EDTA 滴定至溶液由紫色变为纯蓝色。同时做空白试验。

表 3-2 氧化锌取用量

EDTA 标准滴定溶液的浓度[c(EDTA)]/(mol/L)	工作基准试剂氧化锌的质量(m)/g
0.1	0.3
0.05	0.15

② EDTA 标准滴定溶液[c(EDTA)=0.02mol/L] 称取 0.42g 灼烧至恒重的工作基准试剂氧化锌，用少量水湿润，加 3mL 盐酸溶液（20%）溶解，移入 250mL 容量瓶中，稀释至刻度，摇匀。取 35.00～40.00mL，加 70mL 水，用氨水溶液调节溶液 pH 至 7～8，加 10mL 氨-氯化铵缓冲溶液及 5 滴铬黑 T 指示液，用配制好的 EDTA 溶液滴定至溶液由紫色变为纯蓝色。同时做空白试验。

4. 注意事项

(1) 滴定前加入指示剂后立即滴定。不要三份同时加入指示剂后再一份一份滴定，这样会因指示剂在水溶液中不稳定而造成颜色变化不正常。

(2) 滴加（1+1）氨水调整溶液酸度时要逐滴加入，且边加边摇动锥形瓶，防止滴加过量，以出现浑浊为限。滴加过快时，可能会使浑浊立即消失，误以为还没有出现浑浊。

（3）在配位滴定中，为了保证水的质量常用二次蒸馏水或去离子水来配制溶液。若配制溶液的蒸馏水中含有 Al^{3+}、Fe^{3+}、Cu^{2+} 等，会使指示剂封闭，影响终点观察。

（4）为了使测定结果具有较高的准确度，标定的条件与测定的条件应尽可能相同。在可能的情况下，最好选用被测元素的纯金属或化合物为基准物质。

问题探究

Ⅰ. 标定结果的计算公式是什么？预计消耗 0.02mol/L EDTA 标准滴定溶液多少毫升？

Ⅱ. EDTA 标准滴定溶液通常使乙二胺四乙酸二钠，而不使用乙二胺四乙酸，为什么？

Ⅲ. 用氨水调节溶液 pH 值时，先出现白色沉淀后又溶解，解释现象。

Ⅳ. 为什么在调节溶液 pH＝7～8 以后，再加入 NH_3-NH_4Cl 缓冲溶液？

Ⅴ. 为什么要控制 pH＝10？如果没有缓冲溶液，将会导致什么现象发生？

Ⅵ. 铬黑 T 指示剂的作用原理是什么？为什么滴定后的溶液放置一段时间后颜色变浅？

Ⅶ. 设计用 $CaCO_3$ 基准物标定 EDTA，应称取 $CaCO_3$ 多少克？标定过程如何？

知识点一 EDTA 标准滴定溶液

EDTA 是一种有机配位剂，与金属离子结合时有六个配位原子（含有 2 个氨氮 $\overset{N}{\underset{/|\backslash}{}}$ 和

4 个羧氧 $-\overset{\overset{O}{\|}}{C}-\ddot{O}-$ 配位原子，几乎能与所有金属离子配位），可形成五个五元螯合环，十分稳定。因此，它具有很强的配位性能，是常用的配位滴定剂和掩蔽剂。

EDTA（ethylene diaminete treacetic acid）是乙二胺四乙酸，具有结构如图 3-1 所示，其性质如表 3-3 所示。

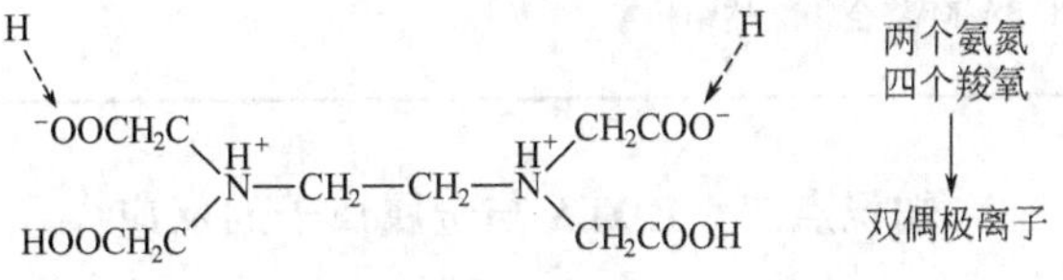

图 3-1 EDTA（乙二胺四乙酸）结构

表 3-3 EDTA 及其钠盐性质

简　　称	EDTA	
对应物质	乙二胺四乙酸(H_4Y)	乙二胺四乙酸二钠盐($Na_2H_2Y \cdot 2H_2O$)
物理性质	白色无水结晶粉末，室温时溶解度较小(22℃时溶解度为 0.02g/100mL)，难溶于酸和有机溶剂，易溶于碱或 NH_3 溶液中形成相应盐	白色结晶粉末，室温下可吸附水分 0.3%，EDTA 二钠盐易溶于水(22℃时溶解度为 11.1g/100mL，浓度约 0.3mol/L，pH≈4.4)
应用	不适合作滴定剂	适合作滴定剂
	通常所说的 EDTA 指的是 $Na_2H_2Y \cdot 2H_2O$	

简　称	EDTA
水溶液中型体	七种型体：H_6Y^{2+}、H_5Y^+、H_4Y、H_3Y^-、H_2Y^{2-}、HY^{3-} 和 Y^{4-}（为了讨论的方便，常可略去离子的电荷）。在七种型体中只有 Y^{4-} 能与金属离子直接配位 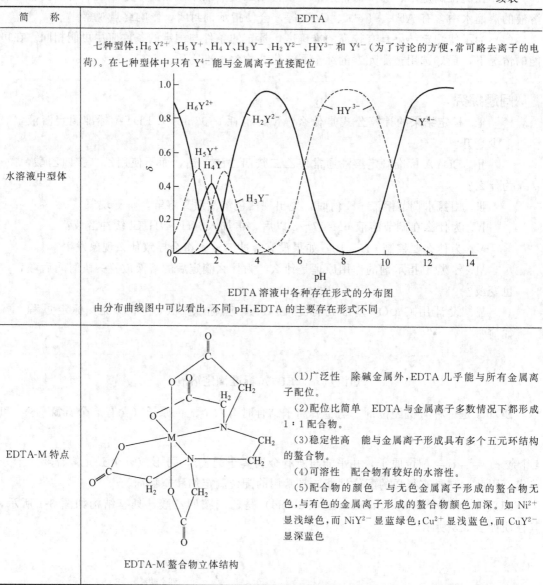 EDTA 溶液中各种存在形式的分布图 由分布曲线图中可以看出，不同 pH，EDTA 的主要存在形式不同
EDTA-M 特点	（1）广泛性　除碱金属外，EDTA 几乎能与所有金属离子配位。 （2）配位比简单　EDTA 与金属离子多数情况下都形成 1∶1 配合物。 （3）稳定性高　能与金属离子形成具有多个五元环结构的螯合物。 （4）可溶性　配合物有较好的水溶性。 （5）配合物的颜色　与无色金属离子形成的螯合物无色，与有色的金属离子形成的螯合物颜色加深。如 Ni^{2+} 显浅绿色，而 NiY^{2-} 显蓝绿色；Cu^{2+} 显浅蓝色，而 CuY^{2-} 显深蓝色 EDTA-M 螯合物立体结构

知识点二　EDTA 与金属离子的反应

一、主反应与绝对稳定常数

EDTA 具有较强的配位能力，它几乎能与所有金属离子形成 1∶1 配合物。反应方程式和平衡常数表达式一般简写为

$$M + Y \Longrightarrow MY$$

$$K_{MY} = \frac{[MY]}{[M][Y]}$$

常见金属离子与 EDTA 形成的配合物 MY 的绝对稳定常数 $\lg K_{MY}$ 见表 3-4。绝对稳定常数是指无副反应情况下的数据，它不能反映实际滴定过程中真实配合物的稳定状况。

表 3-4　部分金属-EDTA 配位化合物的 lgK_MY

阳离子	$\lg K_{MY}$	阳离子	$\lg K_{MY}$	阳离子	$\lg K_{MY}$
Na^+	1.66	Ce^{4+}	15.98	Cu^{2+}	18.80
Li^+	2.79	Al^{3+}	16.3	Ga^{2+}	20.3
Ag^+	7.32	Co^{2+}	16.31	Ti^{3+}	21.3
Ba^{2+}	7.86	Pt^{2+}	16.31	Hg^{2+}	21.8
Mg^{2+}	8.69	Cd^{2+}	16.49	Sn^{2+}	22.1
Sr^{2+}	8.73	Zn^{2+}	16.50	Th^{4+}	23.2
Be^{2+}	9.20	Pb^{2+}	18.04	Cr^{3+}	23.4
Ca^{2+}	10.69	Y^{3+}	18.09	Fe^{3+}	25.1
Fe^{2+}	14.33	Ni^{2+}	18.60	Bi^{3+}	27.94
La^{3+}	15.50	VO^{2+}	18.8	Co^{3+}	36.0

二、副反应与条件稳定常数

主反应与副反应是相对的概念，在 EDTA 配位滴定中，被测离子 M 与 ETDA 的反应作为主反应，由于酸度的影响和其他配体的存在，还可能发生副反应。副反应影响主反应的现象称为"效应"。

式中，L 为辅助配位剂；N 为共存离子。

这些副反应的发生都将影响主反应进行的程度，从而影响到 MY 的稳定性。反应物 M、Y 的副反应将不利于主反应的进行，而反应产物 MY 的副反应则有利于主反应。

为了定量处理各种因素对配位平衡的影响，引入副反应系数的概念。副反应系数是描述副反应对主反应影响大小程度的量度，以 α 表示。下面主要讨论副反应——酸效应及酸效应系数。

1. 酸效应及酸效应系数

由于 H^+ 与 Y^{4-} 之间发生副反应，就使 EDTA 参加主反应的能力下降，这种现象称为酸效应。酸效应的大小用酸效应系数 $[\alpha_{Y(H)}]$ 来衡量。

$$\alpha_{Y(H)} = \frac{[Y_{总}]}{[Y^{4-}]}$$

$$= \frac{[Y^{4-}]+[HY^{3-}]+[H_2Y^{2-}]+[H_3Y^-]+[H_4Y]+[H_5Y^+]+[H_6Y^{2+}]}{[Y^{4-}]}$$

$[H^+]$ 越大，$\alpha_{Y(H)}$ 就越大，表示 $[Y^{4-}]$ 的平衡浓度越小，EDTA 的副反应越严重，故 $\alpha_{Y(H)}$ 反映了副反应进行的严重程度。表 3-5 列出不同 pH 时的 $\lg \alpha_{Y(H)}$ 值。

由表 3-5 可看出，$[Y]_{总} \geqslant [Y^{4-}]$。只有在 pH$\geqslant$12 时，$\alpha_{Y(H)} \approx 1$，此时没有发生副反应。将 pH 与 $\lg \alpha_{Y(H)}$ 的对应值绘成如图 3-5 所示的 pH-$\lg \alpha_{Y(H)}$ 曲线。

表 3-5 不同 pH 时的 $\lg\alpha_{Y(H)}$

pH	$\lg\alpha_{Y(H)}$	pH	$\lg\alpha_{Y(H)}$	pH	$\lg\alpha_{Y(H)}$	pH	$\lg\alpha_{Y(H)}$	pH	$\lg\alpha_{Y(H)}$
0.0	23.64	2.0	13.51	4.0	8.44	6.0	4.65	8.5	1.77
0.4	21.32	2.4	12.19	4.4	7.64	6.4	4.06	9.0	1.29
0.8	19.08	2.8	11.09	4.8	6.84	6.8	3.55	9.5	0.83
1.0	18.01	3.0	10.60	5.0	6.45	7.0	3.32	10.0	0.45
1.4	16.02	3.4	9.70	5.4	5.69	7.5	2.78	11.0	0.07
1.8	14.27	3.8	8.85	5.8	4.98	8.0	2.26	12.0	0.00

2. 条件稳定常数

用绝对稳定常数描述配合物的稳定性是不符合实际情况的，应将副反应的影响一起考虑，而称之为条件稳定常数或表观稳定常数，用 K'_{MY} 表示。如果只有酸效应，简化成：

$$\lg K'_{MY} = \lg K_{MY} - \lg\alpha_{Y(H)} \tag{3-1}$$

条件稳定常数 K'_{MY} 是利用副反应系数进行校正后的实际稳定常数，所应 K'_{MY} 可以判断滴定金属离子的可行性。

$$\lg K'_{MY} \geqslant 8$$

【例 3-1】 计算 pH=2.0、pH=5.0 时的 $\lg K'_{ZnY}$。

解 查表 3-4 得 $\lg K_{ZnY}=16.5$；查表 3-5 得 pH=2.0 时，$\lg\alpha_{Y(H)}=13.51$；溶液中只存在酸效应，根据式（3-1）

$$\lg K'_{ZnY} = \lg K_{ZnY} - \lg\alpha_{Y(H)}$$

因此 $\lg K'_{ZnY} = 16.5 - 13.51 = 2.99$

同样，pH=5.0 时，$\lg\alpha_{Y(H)}=6.45$

$$\lg K'_{ZnY} = 16.5 - 6.45 = 10.05。$$

答：pH=2.0 时 $\lg K'_{ZnY}$ 为 2.99；pH=5.0 时，$\lg K'_{ZnY}$ 为 10.05。

由上例可看出，pH=2.0 时，ZnY^{2-} 极不稳定，在此条件下 Zn^{2+} 不能被准确滴定；而在 pH=5.0 时，ZnY^{2-} 已稳定，配位滴定可以进行。可见配位滴定中控制溶液酸度十分重要。

知识点三　金属指示剂

配位滴定指示终点的方法很多，其中最重要的是使用金属离子指示剂来指示终点。

一、金属指示剂的作用原理

金属指示剂：在配位滴定中，通常利用一种能与金属离子生成有色配合物的显色剂指示滴定过程中金属离子浓度的变化。这种显色剂称为金属离子显色剂，又称为金属指示剂。以 In 表示指示剂，以 EDTA 滴定金属离子（M）。金属指示剂变色原理：

In + M === MIn
A 色　　　　　　　　　B 色（A 色与 B 色不同）

sp 时：　　　MIn+EDTA === M-EDTA + In　　$K'_{MY} > K'_{MIn}$
　　　　　　B 色　　　　　　　　　A 色

滴入 EDTA 时金属离子逐步被配合，当达到反应的 sp 时，已与指示剂配合的金属离子被 EDTA 夺出，释放出指示剂。

二、金属指示剂应具备的条件

（1）颜色的差异性　MIn 色应与 In 的颜色显著不同，这样才能借助颜色的明显变化来判断终点的到达。

（2）适当的稳定性　金属指示剂与金属离子形成的配合物 MIn 要有适当的稳定性。

（3）良好的可逆性　金属指示剂与金属离子之间的反应要迅速、变色可逆。

（4）实用性　金属指示剂应易溶于水，不易变质，便于使用和保存。

常用金属指示剂见表3-6。

表3-6　常用金属指示剂

指示剂	使用适宜pH范围	颜色变化		配制方法	用途	注意事项
		In	MIn			
铬黑T（EBT）	8~10	蓝色	红色	0.50g EBT、2.0g 盐酸羟胺，溶于乙醇，再用乙醇稀释至100mL。$m(EBT) : m(NaCl) = 1 : 100$（固体,质量比）	Mg^{2+}、Zn^{2+}、Pb^{2+}、Cd^{2+}、稀土元素离子	Fe^{3+}、Cu^{2+}、Al^{3+}、Ni^{2+}等离子封闭 EBT，可用三乙醇胺掩蔽
二甲酚橙（XO）	<6	亮黄	红色	0.2%的水溶液	Bi^{3+}、Zn^{2+}、Pb^{2+}、Cd^{2+}、稀土元素离子	Fe^{3+}、Al^{3+}、Ti^{4+}、Ni^{2+}等离子封闭 XO
钙指示剂（NN）	12~13	蓝色	紫红	$m(NN) : m(NaCl) = 1 : 100$（固体,质量比）	Ca^{2+}	
PAN	2~12	黄色	红色	0.1%的乙醇溶液	多数金属离子	易发生指示剂僵化现象,加有机溶剂或加热

三、使用金属指示剂中存在的问题

封闭现象　在计量点附近没有颜色变化，这种现象称为指示剂封闭。有时金属指示剂与某些金属离子形成极稳定化合物，达到计量点后，过量 EDTA 并不能夺取金属指示剂有色配合物中金属，即 $\lg K_{MIn} > \lg K_{MY}$。因而在计量点附近没有颜色变化

僵化现象　在计量点附近指示剂颜色变化十分缓慢,这种现象称为指示剂僵化。金属离子与指示剂生成难溶于水的有色配合物(MIn),虽然它的稳定性比该金属离子与EDTA生成的螯合物差，但置换反应速度慢，使终点拖长

氧化变质现象　金属指示剂大多为含双键的有色化合物，易被日光、氧化剂、空气所分解，在水溶液中多不稳定，日久变质。最好是现用现配。若配成固体混合物则较稳定，保存时间较长。例如铬黑T和钙指示剂，常用固体 NaCl 或 KCl 作稀释剂来配制

任务二　自来水硬度的测定

【任务描述】

含有钙盐和镁盐的水称为硬水，水中钙盐、镁盐的总含量用"硬度"表示。水的硬度是

衡量生活用水和工业用水水质的一项重要指标。如锅炉给水，经常要进行硬度分析，进而为水的处理提供依据。我国（GB 5749—2006）生活饮用水总硬度标准限值为 450mg/L（以 $CaCO_3$ 计）。请你对饮用水进行分析检测，并出具检验报告单。

【任务实施】

1. 原理

水的总硬度测定，用 NH_3-NH_4Cl 缓冲溶液控制水样 pH＝10，以铬黑 T 为指示剂，用三乙醇胺掩蔽 Fe^{3+}、Al^{3+} 等共存离子，用 EDTA 标准溶液直接滴定 Ca^{2+} 和 Mg^{2+}，终点时溶液由红色变为纯蓝色。

钙硬度测定，用 NaOH 调节水试样 pH＝12，Mg^{2+} 形成 $Mg(OH)_2$ 沉淀，用 EDTA 标准溶液直接滴定 Ca^{2+}，采用钙指示剂，终点时溶液由红色变为蓝色。

镁硬度则可由总硬度与钙硬度之差求得。

2. 任务准备

（1）水试样：自来水。

（2）EDTA 标准滴定溶液　$c(EDTA)＝0.02mol/L$。

（3）铬黑 T　5g/L。

（4）刚果红试纸。

（5）NH_3-NH_4Cl 缓冲溶液　pH＝10。

（6）钙指示剂　1＋100。

（7）NaOH 溶液　$c(NaOH)＝4mol/L$。

（8）HCl 溶液　1＋1。

（9）三乙醇胺　200g/L。

3. 分析步骤

（1）水样采集

采集水样可用硬质玻璃瓶（或聚乙烯容器），采样前先将瓶洗净。应先放水数分钟，使积留在水管中的杂质流出，采样时用水冲洗 3 次，再采集于瓶中。

（2）总硬度的测定

用 50mL 移液管移取水试样 50.00mL，置于 250mL 锥形瓶中，加 1～2 滴 HCl 酸化，煮沸数分钟赶除 CO_2。冷却后，加入 3mL 三乙醇胺溶液、5mL pH≈10 的 NH_3-NH_4Cl 缓冲溶液、3 滴铬黑 T 指示液，立即用 $c(EDTA)＝0.02mol/L$ 的 EDTA 标准滴定溶液滴定至溶液由红色变为纯蓝色即为终点，记下 EDTA 标准滴定溶液的体积 V_1。平行测定三次。

（3）钙硬度的测定

用 50mL 移液管移取水试样 50.00mL，置于 250mL 锥形瓶中，加入刚果红试纸（pH3～5，颜色由蓝变红）一小块。加入盐酸酸化，至试纸变蓝紫色为止。煮沸 2～3min，冷却至 40～50℃，加入 4mol/L NaOH 溶液 4mL，再加少量钙指示剂，摇匀，此时溶液呈淡红色，以 $c(EDTA)＝0.02mol/L$ 的 EDTA 标准滴定溶液滴定至溶液由红色变为蓝色即为终点，记下 EDTA 标准滴定溶液的体积 V_2。平行测定三次。

（4）镁硬度的确定

由总硬度减钙硬度即镁硬度。

4. 结果计算

硬度的表示方法：水的硬度折合成碳酸钙或氧化钙的含量（mg/L）作为计量单位。

$$\rho_{总}(CaCO_3) = \frac{c(EDTA) \times V_1 \times M(CaCO_3)}{V} \times 10^3$$

$$\rho_{钙}(CaCO_3) = \frac{c(EDTA) \times V_2 \times M(CaCO_3)}{V} \times 10^3$$

式中　$\rho_{总}(CaCO_3)$——水样的总硬度，mg/L；

$\rho_{钙}(CaCO_3)$——水样的钙硬度，mg/L；

$c(EDTA)$——EDTA标准滴定溶液的浓度，mol/L；

V_1——测定总硬度时消耗EDTA标准滴定溶液的体积，L；

V_2——测定钙硬度时消耗EDTA标准滴定溶液的体积，L；

V——水样的体积，L；

$M(CaCO_3)$——$CaCO_3$摩尔质量，g/mol。

5. 注意事项

（1）滴定速度不能过快，接近终点时要慢，以免滴定过量。

（2）若水中含有铜、锌、锰、铁、铝等离子，则会影响测定结果，可加入1% Na_2S溶液1mL使Cu^{2+}、Zn^{2+}等成硫化物沉淀，过滤。锰的干扰可加入盐酸羟胺消除。

（3）开始滴定时速度宜稍快，接近终点时应稍慢，并充分振摇，最好每滴间隔2～3s，溶液的颜色由紫红或紫色逐渐转为蓝色，在最后一点紫的色调消失、刚出现天蓝色时即为终点，整个滴定过程应在5min内完成。

（4）水样中HCO_3^-、H_2CO_3含量高时，会影响终点变色观察，加入1滴HCl，使水样酸化，加热煮沸去除CO_2。

（5）水样中含铁量超过10mg/L时，用三乙醇胺掩蔽不完全，需用蒸馏水将水样稀释到Fe^{3+}含量不超过10mg/L。

问题探究

Ⅰ.测定总硬度时，哪些离子存在有干扰？应如何消除？

Ⅱ.为什么加入pH≈10的NH_3-NH_4Cl缓冲溶液？不加会导致什么后果？

Ⅲ.用EDTA法测定水的钙硬度时，NaOH溶液的作用是什么？

Ⅳ.测定水的钙硬度，写出终点前后的各反应式。说明指示剂颜色变化的原因。

Ⅴ.根据本实验分析结果，评价该水试样的水质。

知识点四　EDTA配位滴定基本原理

讨论配位滴定曲线是为了选择适当的滴定条件，同时也是提供指示剂选择的依据。

一、配位滴定曲线

在一定pH条件下，随着配位滴定剂的加入，金属离子不断与配位剂反应生成配合物，其浓度不断减少。当滴定到达化学计量点时，金属离子浓度（pM）发生突变。若将滴定过程各点pM与对应的配位剂的加入体积绘成曲线，即可得到配位滴定曲线。

1. 曲线绘制

pH=12时，用0.01000mol/L EDTA溶液滴定20.00 mL 0.01000mol/L的Ca^{2+}溶液。

（只需考虑 EDTA 的酸效应），CaY^{2-} 的条件稳定常数为：

$$\lg K'_{CaY} = \lg K_{CaY} - \lg \alpha_{Y(H)} = 10.69 - 0 = 10.69$$

计算滴定过程中 pCa 数值，利用所得数据绘制如图 3-2 所示的滴定曲线。由图 3-2 可以看出，计量点时的 pCa 为 6.5，滴定突跃的 pCa 为 5.3～7.7。可见滴定突跃较大，可以准确滴定。

2. 滴定突跃范围

（1）条件稳定常数 $\lg K'_{MY}$ 的影响

若金属离子浓度一定，配合物的条件稳定常数越大，滴定突跃越大。见图 3-3。

$$\lg K'_{MY} = \lg K_{MY} - \lg \alpha_{Y(H)}$$

一般情况下，影响配合物条件稳定常数的主要因素是溶液酸度。酸性越弱，滴定突跃就越大。

（2）金属离子浓度对突跃的影响

若条件稳定常数 $\lg K'_{MY}$ 一定，金属离子浓度越低，滴定突跃就越小（见图 3-4）。

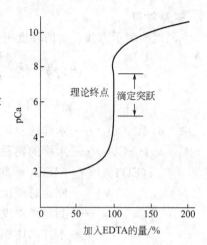

图 3-2 pH＝12 时 0.01000mol/L EDTA 溶液滴定 20.00mL 0.01000mol/L 的 Ca^{2+} 溶液滴定曲线

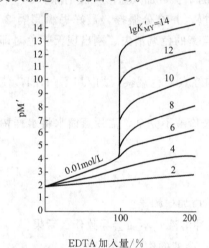

图 3-3 不同 $\lg K'_{MY}$ 的滴定曲线

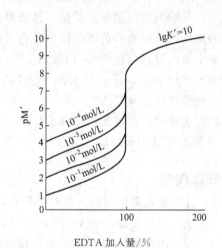

图 3-4 金属离子浓度对滴定突跃的影响

二、滴定单一金属离子

1. 滴定可行性判断

配位滴定是否可行决定于：

$$\lg c_M K'_{MY} \geqslant 6 \tag{3-2}$$

实际工作中，c_M 常为 10^{-2}mol/L 左右，此时，准确滴定条件为 $\lg K'_{MY} \geqslant 8$。见【例 3-1】。

2. 滴定适宜酸度范围

（1）最低 pH 值（最高酸度）

若滴定反应中只考虑 EDTA 酸效应，则根据单一离子准确滴定的判别式：$\lg K'_{MY} \geqslant 8$

$$\lg K'_{MY} = \lg K_{MY} - \lg \alpha_{Y(H)} \geqslant 8$$

即

$$\lg \alpha_{Y(H)} \leqslant \lg K_{MY} - 8 \tag{3-3}$$

将各种金属离子的 $\lg K_{MY}$ 代入式（3-3），即可求出对应的最大 $\lg \alpha_{Y(H)}$ 值，再从表 3-5 查得与它对应的最小 pH。

将金属离子的 $\lg K_{MY}$ 值与最小 pH［或对应的 $\lg \alpha_{Y(H)}$ 与最小 pH］绘成曲线，称为酸效应曲线（或称林邦曲线），如图 3-5 所示。实际工作中，酸效应曲线有以下用途：

a. 确定滴定时所允许的最低 pH，例如，滴定 Fe^{3+}，pH 必须大于 1；

b. 判断干扰情况，一般来说，酸效应曲线上位于待测金属离子下方的离子都干扰测定。

c. 控制溶液酸度进行连续测定（这部分内容将在拓展任务三中讨论）；

d. 可当 $\lg \alpha_{Y(H)}$ -pH 曲线使用。

注意：酸效应曲线只适用于 M 和 EDTA 浓度为 0.01mol/L；除 EDTA 酸效应外，M 未发生其他副反应。如果前提变化，曲线将发生变化，因此要求的 pH 也会有所不同。

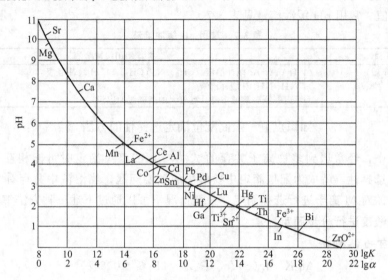

图 3-5　EDTA 酸效应曲线

（2）最高 pH 值（最低酸度）

随着 pH 值升高，EDTA 的酸效应减弱，条件稳定常数增大，滴定反应的完全程度增大。但 pH 值增高至某一特定值时，金属离子发生水解，甚至生成 $M(OH)_n$，滴定反应不能准确进行。因此，还要考虑滴定时金属离子不发生水解的最低酸度。把金属离子开始生成氢氧化物沉淀时的酸度称为最低酸度。通常可由 $M(OH)_n$ 的溶度积求得，即

$$[OH^-] = \sqrt[n]{\frac{K_{sp,M(OH)_n}}{[M]}} \tag{3-4}$$

金属离子的浓度 [M]，一般取 0.01mol/L。

【**例 3-2**】 计算 0.020mol/L EDTA 滴定 0.020mol/L Cu^{2+} 的适宜酸度范围。

解 化学计量点时体积增加至一倍，故 $c_{Cu^{2+}} = 0.010$mol/L。

查图 3-5，滴定允许的最低 pH 值为 pH=2.9

滴定 Cu^{2+} 时，允许最低酸度为 Cu^{2+} 不产生水解时的 pH；

因为 $$[Cu^{2+}][OH^-]^2 = K_{sp}[Cu(OH)_2] = 10^{-19.66}$$

所以 $$[OH^-] = \sqrt{\frac{10^{-19.66}}{0.02}} = 10^{-8.98}$$

即 $$pH = 5.0$$

所以，用 0.020mol/L EDTA 滴定 0.020mol/L Cu^{2+} 的适宜酸度范围 pH 为 2.9～5.0。

配位滴定时实际采用的 pH 值比允许的最低 pH 值稍高些，可使配位滴定进行得更完全。从滴定反应考虑，在 $pH_{低}$～$pH_{高}$ 范围内进行滴定。

3. pH 缓冲溶液的使用

在配位滴定中，不仅要调节滴定前溶液的酸度，同时也要注意在滴定过程中控制溶液酸度的变化。因为在配位滴定过程中，随着配合物的生成，不断有 H^+ 释出：

$$M^{n+} + H_2Y^{2-} \Longrightarrow MY^{(4-n)} + 2H^+$$

溶液的酸度不断增大，其结果不仅降低了配合物的条件稳定常数，影响到反应的完全程度，使滴定突跃范围减小，而且破坏了指示剂变色的最适宜酸度范围，导致产生误差。同时还会减小 K'_{MIn} 值，使指示剂灵敏度降低。因此在配位滴定中，通常需要加入缓冲溶液来控制溶液的 pH 值。常用 pH 缓冲溶液见表 3-7。

表 3-7   常用 pH 缓冲溶液

pH 值	推荐使用缓冲溶液
pH5～6(弱酸性介质)	HAc-NaAc 缓冲溶液、$(CH_2)_6N_4$-$(CH_2)_6N_4^+H$ 缓冲溶液
pH8～10(弱碱性介质)	NH_3-NH_4Cl 缓冲溶液
pH<1 或 pH>13	强酸、强碱溶液本身具有较大的酸碱缓冲容量

知识点五   提高配位滴定选择性的方法

实际工作中，经常遇到多种离子共存的试样，用 EDTA 滴定时可能相互干扰。因此，提高配位滴定选择性，就成为配位滴定中要解决的重要问题。当溶液中共存有 M 和 N 两种金属离子，现欲对 M 离子进行选择滴定，一般情况下可以通过下述三种方法解决。

一、控制酸度进行分步滴定

1. 分步滴定可行性判断

$$\Delta lgK + lg(c_M/c_N) \geqslant 5 \qquad (E_t \leqslant \pm 0.5\%) \tag{3-5}$$

此式即为共存离子 N 存在条件下，准确滴定 M 离子的判别式。

2. 分步滴定的酸度控制

① 最高酸度（最低 pH）：选择滴定 M 离子的最低 pH，查图 3-5 酸效应曲线即得。

② 最低酸度（最高 pH）：N 离子不干扰 M 离子滴定的条件

$$lgc_M K'_{MY} - lgc_N K'_{NY} \geqslant 5 \tag{3-6}$$

由于准确滴定 M 时，$lgc_M K'_{MY} \geqslant 6$，因此

$$lgc_N K'_{NY} \leqslant 1 \tag{3-7}$$

当 $c_N = 0.01mol/L$ 时，$lg\alpha_{Y(H)} \geqslant lgK_{NY} - 3$，根据 $lg\alpha_{Y(H)}$ 查出对应的 pH 即为最高 pH。

值得注意的是，易发生水解反应的金属离子，若在所求的酸度范围内发生水解反应，则适宜酸度范围的最低酸度为形成 $M(OH)_n$ 沉淀时的酸度。

滴定 M 和 N 离子的酸度控制仍使用缓冲溶液，并选择合适的指示剂，以减少滴定误差。M 离子滴定后，滴定 N 离子酸度与单一离子滴定相同。

【例 3-3】   溶液中含有 Pb^{2+}、Bi^{3+} 浓度均为 0.02mol/L，用相同浓度的 EDTA 标准滴定溶液滴定两种金属离子。要求 $E_t \leqslant \pm 0.5\%$，问：（1）能否准确滴定 Bi^{3+} 和 Pb^{2+}？（2）选择滴定各自的适宜酸度范围。

解   （1）根据判别式

$$\Delta lgK + lg(c_M/c_N) \geqslant 5$$

带入数值，$\Delta \lg K = 27.94 - 18.04 = 9.9 \geqslant 5$

所以能利用控制酸度的方法连续滴定 Bi^{3+} 和 Pb^{2+}。

(2) Bi^{3+} 最低 $pH = 0.8$（查酸效应曲线得，滴定 Bi^{3+}）

滴定 Bi^{3+} 的最高 pH，应考虑滴定 Bi^{3+} 时，Pb^{2+} 不干扰，即

$$\lg c_{Pb^{2+}} \lg K'_{PbY} \leqslant 1$$

即

$$\lg \alpha_{Y(H)} \geqslant \lg K_{PbY} - 3$$

所以

$$\lg \alpha_{Y(H)} \geqslant 27.94 - 3 = 24.94$$

干扰：$pH \leqslant 1$

水解：在 $pH = 2$ 时，Bi^{3+} 开始水解出沉淀。

综合以上三因素考虑，实际工作中，确定 $pH = 1$，用 EDTA 滴定 Bi^{3+}。

Pb^{2+}：查酸效应曲线得，滴定 Pb^{2+} 的最低 $pH = 3.7$。

考虑到 Pb^{2+} 的水解

$$[OH] \leqslant \sqrt{\frac{K_{sp}[Pb(OH)_2]}{[Pb^{2+}]}}$$

即

$$[OH] = \sqrt{\frac{10^{-15.7}}{2 \times 10^{-2}}} = 10^{-7} \quad pH \leqslant 7.0$$

所以，滴定 Pb^{2+} 适宜的酸度范围是 $pH 3.7 \sim 7.0$，实际工作中，$pH = 5.0 \sim 6.0$ 时滴定 Pb^{2+}。

二、利用掩蔽和解蔽进行选择滴定

如果 $\Delta \lg K < 5$，这时可利用加入掩蔽剂来降低干扰离子的浓度以消除干扰。掩蔽作用的本质是降低能与滴定剂作用的干扰离子的浓度。

1. 配位掩蔽法

配位掩蔽法在化学分析中应用最广泛，它是通过加入能与干扰离子形成更稳定配合物的配位剂（通称掩蔽剂）掩蔽干扰离子，从而能够更准确滴定待测离子。

例如，测定 Al^{3+}、Zn^{2+} 共存溶液中的 Zn^{2+} 时，可加入 NH_4F 与干扰离子 Al^{3+} 形成十分稳定的 AlF_6，消除 Al^{3+} 干扰。

2. 沉淀掩蔽法

加入能与干扰离子生成沉淀的沉淀剂，使 $[N]$ 降低，可在不分离沉淀的情况下直接滴定 M 的方法，这种消除干扰的方法称为沉淀掩蔽法。

例如，在由 Ca^{2+}、Mg^{2+} 共存溶液中，加入 NaOH 使 $pH > 12$，因而生成 $Mg(OH)_2$ 沉淀，这时 EDTA 就可直接滴定 Ca^{2+}。

3. 氧化还原掩蔽法

当某种价态的共存离子对滴定有干扰时，利用氧化还原反应改变干扰离子 N 的价态可以消除干扰的方法，称为氧化还原掩蔽法。

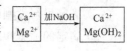

例如，测定 Fe^{3+}、Bi^{3+} 中的 Bi^{3+} 时，Fe^{3+} 产生干扰，此时可加入抗坏血酸或盐酸羟胺使 Fe^{3+} 还原为 Fe^{2+}，由于 $\lg K_{FeY^{2-}} = 14.3$，比 $\lg K_{FeY^-}$ 小得多，可采用控制酸度的方法进一步滴定，避免了干扰。

4. 利用解蔽作用提高选择性

将一些离子掩蔽，对某种离子进行滴定以后，使用一种试剂以破坏这些被掩蔽的离子与掩蔽剂所生成的配合物，使该种离子从配合物中释放出来，这种作用称为解蔽，所用试剂称

为解蔽剂。利用某些选择性的解蔽剂，也可以提高配位滴定的选择性。

例如，当 Zn^{2+}、Pb^{2+} 两种离子共存，测定 Zn^{2+} 和 Pb^{2+}。

$$\boxed{\begin{matrix}Zn^{2+}\\Pb^{2+}\end{matrix}}\xrightarrow[\text{（剧毒）}]{\substack{\text{调至碱性}\quad\text{加 KCN}}}\boxed{\begin{matrix}Zn(CN)_4^{2-}\\Pb^{2+}\end{matrix}}\xrightarrow[pH=10,EBT]{EDTA}\boxed{\begin{matrix}Zn(CN)_4^{2-}\\PbY\end{matrix}}\xrightarrow[\text{解蔽}]{HCHO}\boxed{\begin{matrix}Zn^{2+}\\PbY\end{matrix}}$$

$$[Zn(CN)_4]^{2-}+4HCHO+4H_2O \Longleftrightarrow Zn^{2+}+\underset{\text{羟基乙腈}}{4H_2\overset{\overset{\displaystyle OH}{|}}{C}{-}CN}+4OH^-$$

知识要点

一、EDTA 标准滴定溶液

Ⅰ. EDTA 性质及 EDTA-M 螯合物特点。

Ⅱ. EDTA 标准溶液的配制——间接法。

配制好的 EDTA 溶液应贮存在聚乙烯塑料瓶或硬质玻璃瓶中。

二、EDTA 条件稳定常数

主反应：$M+Y=MY$

$$\lg K'_{MY}=\lg K_{MY}-\lg \alpha_{Y(H)} \quad \text{（只考虑酸效应）}$$

三、常用金属指示剂

常用指示剂	EBT	XO	NN	PAN
适宜酸度	pH 为 8~10	pH<6	pH 为 12~13	pH 为 2~12
MIn 颜色	红色	红色	红色	红色
In 颜色	蓝色	亮黄色	蓝色	黄色
使用中问题	指示剂的封闭现象、指示剂的僵化现象、指示剂的氧化变质现象			
指示剂具备条件	①颜色的差异性；②适当的稳定性；③良好的可逆性；④实用性			
变色机理	MIn+EDTA ══ M-EDTA+In			

四、配位滴定基本原理

Ⅰ. 影响滴定突跃范围的因素

① 条件稳定常数；

② 金属离子浓度。

Ⅱ. 直接准确滴定单一金属离子

① 滴定可行性判断 $\lg K'_{MY} \geqslant 8$；

② 滴定的适宜酸度范围确定：最低 pH、最高 pH；

③ 滴定中要使用缓冲溶液，以控制溶液的基本维持不变。

Ⅲ. 酸效应曲线的应用

选择滴定的最低 pH 值、判断干扰、作为 $\lg \alpha_{Y(H)}$-pH 曲线使用。

五、混合离子的测定

Ⅰ. 控制酸度进行分步滴定 $\Delta \lg K \geqslant 5$。

Ⅱ. 利用掩蔽和解蔽进行选择滴定 $\Delta \lg K < 5$。

① 配位掩蔽法；

② 沉淀掩蔽法；

③ 氧化还原掩蔽法；

④ 解蔽作用。

拓展任务三　铅铋混合液中 Pb^{2+}、Bi^{3+} 含量的连续测定

【任务描述】

现有一批从某铁合金厂即将排放的主要含有 Bi^{3+}、Pb^{2+} 金属离子的污水，你作为该厂化验员，对污水中 Bi^{3+}、Pb^{2+} 进行含量测定，并出具检验报告单。

【任务实施】

1. 原理

Bi^{3+}、Pb^{2+} 均能与 EDTA 形成稳定的 1∶1 配合物，$\lg K_{BiY}=27.94$，$\lg K_{PbY}=18.04$。由于两者的 $\lg K$ 相差很大，故可利用控制不同的酸度，用 EDTA 连续滴定 Bi^{3+} 和 Pb^{2+}。通常在 pH 约为 1.0 时滴定 Bi^{3+}，在 pH 为 5.0～6.0 时滴定 Pb^{2+}。

$$pH=1 \text{ 时}, Bi^{3+}+H_2Y^{2-}\Longrightarrow BiY^-+2H^+$$
$$pH=5～6 \text{ 时}, Pb^{2+}+H_2Y^{2-}\Longrightarrow PbY^{2-}+2H^+$$

在测定中，均以二甲酚橙为指示剂。先调节溶液的酸度为 pH≈1.0，滴定 Bi^{3+}（Pb^{2+} 在此条件下不会与二甲酚橙形成有色配合物），终点时溶液由紫红色变为亮黄色，然后再加入六亚甲基四胺缓冲溶液，控制溶液 pH≈5.0～6.0，滴定 Pb^{2+}，终点时溶液由紫红色变为橙黄色。

2. 任务准备

(1) EDTA 标准滴定溶液　$c(EDTA)=0.02mol/L$。

(2) 二甲酚橙指示液　2g/L。

(3) 六亚甲基四胺溶液（200g/L）　20g $(CH_2)_6N_4$ 溶于少量水中，稀释至 100mL。

(4) 硝酸　0.1mol/L、2mol/L。

(5) NaOH 溶液（2mol/L）　称取 8g NaOH，溶于水，稀释至 100mL。

(6) 精密 pH 试纸。

(7) Bi^{3+}、Pb^{2+} 混合液（各约 0.02mol/L）　称取 $Pb(NO_3)_2$ 6.6g、$Bi(NO_3)_3$ 9.7g，放入已盛有 30mL HNO_3 的烧杯中，在电炉上微热溶解后，稀释至 1000mL。

3. 分析步骤

(1) Bi^{3+} 的测定　用移液管移取 25.00mL Bi^{3+}、Pb^{2+} 混合液于 250mL 锥形瓶中，用 NaOH 溶液和 HNO_3 调节试液的酸度至 pH=1，然后加入 1～2 滴二甲酚橙指示液，这时溶液呈紫红色，用 EDTA 标准滴定溶液滴定，当溶液由紫红色恰变为黄色即为滴定 Bi^{3+} 的终点。

(2) Pb^{2+} 的测定　在滴定 Bi^{3+} 后的溶液中，滴加六亚甲基四胺溶液，至呈现稳定的紫红色后，再过量加入 5mL，此时溶液的 pH 约 5～6。用 EDTA 标准滴定溶液滴定，当溶液由紫红色恰变为黄色即为滴定 Pb^{2+} 的终点。

4. 结果计算

结果用 $\rho(Pb^{2+})$、$\rho(Bi^{3+})$ 表示各自的含量，单位 mg/L。

5. 注意事项

(1) 本实验成败的关键是调整溶液的 pH 值。调节试液的酸度至 pH=1 时，可用精密

pH 试纸检验，但是为了避免检验时试液被带出而引起损失，可先用一份试液做调节试验，再按加入的 NaOH 量调节溶液的 pH 后，进行滴定。

（2）滴定速度不宜过快，接近终点时要充分振摇，加速反应进行。

问题探究

Ⅰ. 用 EDTA 连续滴定多种金属离子的条件是什么？

Ⅱ. 描述连续滴定 Bi^{3+}、Pb^{2+} 过程中，锥形瓶中颜色变化的情形以及颜色变化的原因？

Ⅲ. 二甲酚橙指示剂使用的 pH 范围是多少？本实验如何控制溶液的 pH？

Ⅳ. EDTA 测定 Bi^{3+}、Pb^{2+} 混合液时，为什么要在 pH＝1 时滴定 Bi^{3+}？酸度过高或过低对滴定结果有何影响？

Ⅴ. 本实验中，能否先在 pH＝5～6 的溶液中测定 Bi^{3+}、Pb^{2+} 的合量，然后再调整 pH＝1 时测定 Bi^{3+} 的含量？

Ⅵ. 本实验中缓冲溶液的作用是什么？为什么加入缓冲溶液？

能力考核   工业硫酸铝中铝含量的测定

【考核目标】

（1）能正确地理解其实验原理和方法（反应式、测定方法、滴定方式、指示剂及终点现象）；

（2）能按照 HG/T 2225—2010 正确地进行实验，正确地配制相关溶液；

（3）掌握容量分析的基本操作技术；

（4）熟练掌握数据处理与表格设计等内容；

（5）文明安全操作，仪器无损坏，守纪律，注意公共卫生。

【任务提示】

该实验采用返滴定的方式，注意理解标准中空白实验的操作及计算公式的含义。

情境四

氧化还原滴定法测定物质含量

【情境导入】 以氧化还原反应为基础，基于氧化还原平衡的滴定分析法叫氧化还原滴定法，它是应用范围很广的一种滴定分析法。目前国家标准分析方法中很多是氧化还原法，如环境水样中 COD、铁矿石中全铁的测定、漂白粉中有效氯、加碘食盐中碘、维生素 C 的测定等都是氧化还原滴定法。

| 加碘食盐 | 漂白粉 | 铁矿石 | 维生素C |

根据所用滴定剂的名称来命名，常用的有高锰酸钾法、重铬酸钾法、碘量法、溴酸钾法等。本教学情境以三个任务为引领，进行理实一体化教学，能够依据国标或药典及技术规范独立完成拓展任务及能力考核，出具检验报告单。

引领任务	拓展任务	能力考核
任务一　过氧化氢含量的测定	拓展任务四　KMnO₄ 标准滴定溶液的制备	
任务二　绿矾中亚铁含量的测定	拓展任务五　K₂Cr₂O₇ 标准滴定溶液的制备	维生素 C 片中抗坏血酸含量的测定
任务三　胆矾中 CuSO₄ 含量的测定	拓展任务六　Na₂S₂O₃ 标准滴定溶液的制备	
	拓展任务七　I₂ 标准滴定溶液的制备	

任务一　过氧化氢含量的测定

【任务描述】

工业过氧化氢（俗名双氧水），为无色透明液体。该产品可用作氧化剂、漂白剂和清洗剂等。过氧化氢含量指标为出厂的保证值，在符合执行标准贮存和运输的条件下，6 个月内过氧化氢含量降低率：优等品不大于 4%；合格品不大于 8%。请你对放置 3 个月的 27.5% 双氧水进行检测，并出具检验报告单。

【任务实施】

1. 原理

在酸性溶液中用 KMnO₄ 标准滴定溶液直接滴定测得 H_2O_2 的含量。反应式为：

$$5H_2O_2 + 2MnO_4^- + 6H^+ \xlongequal{\quad\quad} 2Mn^{2+} + 8H_2O + 5O_2\uparrow$$

以 $KMnO_4$ 自身为指示剂，终点为浅粉红色。

2. 任务准备

(1) $KMnO_4$ 标准滴定溶液　$c\left(\dfrac{1}{5}KMnO_4\right) = 0.1\,mol/L$。

(2) H_2SO_4 溶液　1+15。

(3) 双氧水试样。

3. 分析步骤

(1) 高锰酸钾标准滴定溶液

$c\left(\dfrac{1}{5}KMnO_4\right) = 0.1\,mol/L$，见拓展任务四。

(2) 分析步骤

用 10～25mL 的滴瓶以减量法称取各种规格的试样（见表 4-1），精确至 0.0002g。

表 4-1　各种规格试样的取样量

质量分数	所取质量	过　　　　　程	
27.5%～30%	约 0.15～0.20g	—	置于已加有 100mL 硫酸溶液的 250mL 锥形瓶中。用约 0.1mol/L 的高锰酸钾标准滴定溶液滴定至溶液呈粉红色，并在 30s 内不消失即为终点
35%	约 0.12～0.16g		
50%～70%	约 0.8～1.0g	置于 250mL 容量瓶中稀释至刻度，用移液管移取 25mL 稀释后的溶液	

(3) 允许差

取两次平行测定结果的算术平均值为测定结果，平行测定结果的绝对差值不大于 0.10%。

4. 注意事项

(1) 本品是强氧化剂，在日光直接照射下或灰尘等杂质混入可导致剧烈分解，甚至爆炸。此外，长期与易燃物质如木屑、纤维等接触，可引起自燃。

(2) 本品对皮肤有漂白及灼烧作用，其蒸气可引起流泪、刺激鼻及喉之黏膜。

问题探究

　　Ⅰ. $KMnO_4$ 标准滴定溶液标定的原理是什么？（见拓展任务四）

基准物质：　　　　　　　　温度：

酸度：　　　　　　　　　　速度：

指示剂：　　　　　　　　　终点颜色：

标定公式：

　　Ⅱ. $KMnO_4$ 应放于何种滴定管中，如何读数？

　　Ⅲ. 影响氧化还原反应速度的因素有哪些？H_2O_2 与 $KMnO_4$ 反应较慢，能否通过加热溶液来加快反应速度？为什么？

　　Ⅳ. 若试样中 H_2O_2 的质量分数为 3%，应如何进行测定？

　　Ⅴ. 如何估算 H_2O_2 液体的质量？

　　Ⅵ. 应用等物质的量规则推导 $KMnO_4$ 应用的计算公式。

　　Ⅶ. 用 $KMnO_4$ 法测定 H_2O_2 时，能否用 HNO_3、HCl 或 HAc 调节溶液的酸度？

知识点一　高锰酸钾法

一、原理

$KMnO_4$ 法是以 $KMnO_4$ 为滴定剂的滴定分析方法。$KMnO_4$ 是一种强氧化剂，它的氧化能力和还原产物与溶液的酸度有关，见表 4-2。

表 4-2　高锰酸钾电对及其标准电极电位

介质	电对反应	$\varphi^{\ominus}/V$	应 用 条 件
酸性	$MnO_4^- + 8H^+ + 5e \Longrightarrow Mn^{2+} + 4H_2O$	1.51	$0.5 \sim 1mol/L$ H_2SO_4 强酸性介质下使用,不宜在 HCl、HNO_3 介质中
中性微碱性	$MnO_4^- + 2H_2O + 3e \Longrightarrow MnO_4 + 4OH^-$	0.59	由于反应产物为棕色的 MnO_2 沉淀,妨碍终点观察,所以很少使用
强碱性	$MnO_4^- + e \Longrightarrow MnO_4^{2-}$	0.56	在 $pH > 12$ 的强碱性溶液中用高锰酸钾氧化有机物

在强酸性溶液中，$KMnO_4$ 基本单元为 $\frac{1}{5}KMnO_4$。

$KMnO_4$ 法为自身指示剂。滴定到 sp 后，只要 $KMnO_4$ 稍微过量半滴就能使溶液呈现淡红色，指示滴定终点的到达。如图 4-1 所示。

$KMnO_4$ 标准溶液不能直接配制，制备方法见拓展任务四。

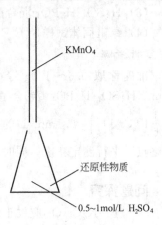

图 4-1　$KMnO_4$ 法滴定原理图

二、应用

$KMnO_4$ 氧化能力强，应用广泛，可直接或间接地测定多种无机物和有机物。

(1) 直接滴定法——H_2O_2 的测定

可用 $KMnO_4$ 标准溶液直接滴定 H_2O_2 及碱金属碱土金属的过氧化物等物质。见任务一。

(2) 间接滴定法——Ca^{2+} 的滴定

$$Ca^{2+} \xrightarrow{C_2O_4^{2-}} CaC_2O_4 \downarrow$$
$$\xrightarrow{H_2SO_4 溶解沉淀} H_2C_2O_4 \xrightarrow[\text{滴定}]{KMnO_4} \begin{array}{l} CO_2 \\ Mn^{2+} \end{array}$$

(3) 返滴定法——化学需氧量（Chemical Oxygen Demand，COD）的测定

COD 是量度水体积受还原物质（主要是有机物）污染程度的综合指标。它是指水体积中易被强氧化剂氧化的还原性物质所消耗的氧化剂的量。

$$水样 \xrightarrow[H^+ 煮沸]{KMnO_4 标液} KMnO_4(过量) \xrightarrow[H^+]{Na_2C_2O_4 标液} \begin{array}{l} Mn^{2+} \\ CO_2 \end{array} + C_2O_4^{2-}(过量) \xrightarrow[\text{滴定}]{KMnO_4} \begin{array}{l} CO_2 \\ Mn^{2+} \end{array}$$

任务二　绿矾中亚铁含量的测定

【任务描述】

绿矾的化学名称为硫酸亚铁晶体，其分子式为 $FeSO_4 \cdot 7H_2O$，常用作净水剂、消毒剂、饲料添加剂、除草剂等。农业上用作微量元素肥料，防治小麦黑穗病，苹果、梨的疱痂

病，能除去树干上的青苔及地衣。请你对购买的将作为水处理剂的绿矾进行分析，看是否达到国标规定含量在 90% 以上，并出具检验报告单。

【任务实施】

1. 原理

在硫酸酸性溶液中，$K_2Cr_2O_7$ 与 Fe^{2+} 反应的反应式为：

$$Cr_2O_7^{2-} + 6Fe^{2+} + 14H^+ \Longrightarrow 2Cr^{3+} + 6Fe^{3+} + 7H_2O$$

用二苯胺磺酸钠作为指示剂，溶液由无色经绿色到蓝紫色即为终点。

2. 任务准备

(1) 二苯胺磺酸钠指示剂　0.2%，称取 0.5g 二苯胺磺酸钠溶解于 100mL 水中。

(2) $K_2Cr_2O_7$ 标准滴定溶液　$c\left(\dfrac{1}{6}K_2Cr_2O_7\right) = 0.1mol/L$。

(3) H_2SO_4-H_3PO_4 混合酸。

(4) 绿矾固体试样。

3. 分析步骤

准确称取 0.6～1.0g 绿矾样品，置于 250mL 锥形瓶中，加水稀释至 150mL，加入 15mL H_2SO_4-H_3PO_4 混合酸，再加入 5～6 滴二苯胺磺酸钠指示剂，立即用 $c\left(\dfrac{1}{6}K_2Cr_2O_7\right) = 0.1mol/L$ 的 $K_2Cr_2O_7$ 标准滴定溶液滴定至溶液出现稳定紫色，即到达滴定终点。平行测定三次，同时做空白实验。

问题探究

Ⅰ. $K_2Cr_2O_7$ 应放于何种滴定管中，如何读数？

Ⅱ. 推导测定绿矾中亚铁含量的计算公式。重铬酸钾法的应用公式推导。

Ⅲ. 平行试样能否同时溶解？

Ⅳ. $K_2Cr_2O_7$ 标准滴定溶液的配制方法有几种？（见拓展任务五）

Ⅴ. 以二苯胺磺酸钠指示剂为例，说明氧化还原指示剂的变色原理。

知识点二　重铬酸钾法

一、原理

$K_2Cr_2O_7$ 是一种常用的氧化剂之一，它具有较强的氧化性，在酸性介质中 $Cr_2O_7^{2-}$ 被还原为 Cr^{3+}，其电极反应如下：

$$Cr_2O_7^{2-} + 14H^+ + 6e \longrightarrow 2Cr^{3+} + 7H_2O \qquad \varphi_{Cr_2O_7^{2-}/Cr^{3+}}^{\ominus} = 1.33V$$

$K_2Cr_2O_7$ 的基本单元为 $\dfrac{1}{6}K_2Cr_2O_7$。

氧化还原指示剂是一些复杂的有机化合物，它们本身具有氧化还原性质，其氧化型与还原型具有不同的颜色。若以 $In(Ox)$ 和 $In(Red)$ 分别代表指示剂的氧化态和还原态，指示剂作用原理：

$$In(Ox) + ne \Longrightarrow In(Red) \qquad \varphi_{In} = \varphi_{InY}^{\ominus} + \frac{0.059}{n}lg\frac{[Ox]}{[Red]}$$

$$\text{A 色} \qquad\qquad \text{B 色} \qquad (\text{A 色与 B 色不同})$$

当 $\dfrac{[\text{Ox}]}{[\text{Red}]} \geqslant 10$ 时，指示剂呈氧化型颜色；当 $\dfrac{[\text{Ox}]}{[\text{Red}]} \leqslant \dfrac{1}{10}$ 时，指示剂呈还原型颜色。

$$\boxed{\text{溶液中 } \varphi \text{ 变化}} \rightarrow \boxed{\text{结构发生变化}} \rightarrow \boxed{\text{溶液颜色改变}} \rightarrow \boxed{\text{指示终点到达}}$$

指示剂的条件电势尽量与反应的化学计量点电势一致。表 4-3 列出了部分常用的氧化还原指示剂。

表 4-3　氧化还原指示剂

指示剂	$\varphi(\text{In})/V$ $[\text{H}^+]=1\text{mol/L}$	颜色变化		配制方法
		还原态	氧化态	
亚甲基蓝	$+0.52$	无	蓝	0.5g/L 水溶液
二苯胺磺酸钠	$+0.85$	无	紫红	0.5g 指示剂，加水稀释至 100mL
邻苯氨基苯甲酸	$+0.89$	无	紫红	0.11g 指示剂溶于 20mL 50g/L Na_2CO_3 溶液中，用水稀释至 100mL
邻二氮菲亚铁	$+1.06$	红	浅蓝	1.485g 邻二氮菲、0.695g $FeSO_4 \cdot 7H_2O$，用水稀释至 100mL

二、应用

重铬酸钾法主要用于铁矿石的勘探、采掘以及钢铁冶炼过程的控制中，也用于水和废水的检验，如测定化学需氧量。

（1）铁矿石中全铁量的测定

重铬酸钾法是测定矿石中全铁量的标准方法。滴定反应为：

$$Cr_2O_7^{2-} + 6Fe^{2+} + 14H^+ =\!=\!= 2Cr^{3+} + 6Fe^{2+} + 7H_2O$$

$$\text{铁矿} \xrightarrow{\text{溶样}} \dfrac{Fe^{3+}}{Fe^{2+}} \xrightarrow[\text{预还原}]{SnCl_2} Fe^{3+} \xrightarrow[H_2SO_4\text{-}H_3PO_4]{K_2Cr_2O_7 \text{ 滴定}} \dfrac{Fe^{3+}}{Cr^{3+}}$$

（2）水中化学耗氧量（COD_{Cr}）

COD_{Mn} 只适用于较为清洁水样测定，若需要测定污染严重的生活污水和工业废水则需要用 $K_2Cr_2O_7$ 法。用 $K_2Cr_2O_7$ 法测定的化学耗氧量用 COD_{Cr}（O，mg/L）表示。COD_{Cr} 是衡量污水被污染程度的重要指标。

$$\text{水样} \xrightarrow[\substack{H^+,Ag_2SO_4 \\ \text{加热回流}}]{K_2Cr_2O_7 \text{ 标液}} K_2Cr_2O_7\text{(过量)} \xrightarrow[\text{滴定}]{Fe^{2+}} \dfrac{Fe^{3+}}{Cr^{3+}}$$

任务三　胆矾中 $CuSO_4$ 含量的测定

【任务描述】

胆矾的化学名称为五水硫酸铜晶体，俗称蓝矾、铜矾。胆矾是电池、木材防腐剂等方面的化工原料；在医疗方面，具有催吐、祛腐、解毒作用；农业上硫酸铜是高效杀菌剂，可防治多种农作物的病害，施用时一般和生石灰加水配成波尔多液喷洒施用。请你对购买的将作为生产杀虫剂波尔多液的胆矾原料进行分析化验其含量，并出具检验报告单。

【任务实施】

1. 原理

将胆矾试样溶解后，加入过量 KI，反应析出的 I_2 用 $Na_2S_2O_3$ 标准溶液滴定，反应为：

$$2Cu^{2+} + 4I^- = 2CuI\downarrow + I_2$$

$$2S_2O_3^{2-} + I_2 = S_4O_6^{2-} + 2I^-$$

以淀粉指示剂确定终点。

2. 任务准备

(1) H_2SO_4 溶液　$c(H_2SO_4) = 1mol/L$。

(2) KI 溶液　$\rho(KI) = 100g/L$（使用前配制）。

(3) KSCN 溶液　$\rho(KSCN) = 100g/L$。

(4) NH_4HF_2 溶液　$\rho(NH_4HF_2) = 200g/L$。

(5) $Na_2S_2O_3$ 标准滴定溶液　$c(Na_2S_2O_3) = 0.1mol/L$。

(6) 淀粉指示液　5g/L。

3. 分析步骤

准确称取胆矾试样 0.5～0.6g，置于碘量瓶中，加 1mol/L H_2SO_4 溶液 5mL、蒸馏水 100mL 使其溶解，加 200g/L NH_4HF_2 溶液 10mL、100g/L KI 溶液 10mL，迅速盖上瓶塞，摇匀。放置 3min，此时出现 CuI 白色沉淀。

打开碘量瓶塞，用少量水冲洗瓶塞及瓶内壁，立即用 $c(Na_2S_2O_3) = 0.1mol/L$ 的 $Na_2S_2O_3$ 标准滴定溶液滴定至呈浅黄色，加 3mL 淀粉指示液，继续滴定至浅蓝色，再加 100g/L KSCN 溶液 10mL，继续用 $Na_2S_2O_3$ 标准滴定溶液滴定至蓝色刚好消失为终点。此时溶液为米色的 CuSCN 悬浮液。记录消耗 $Na_2S_2O_3$ 标准滴定溶液的体积。平行测定三次。

4. 注意事项

(1) 加 KI 必须过量，使生成 CuI 沉淀的反应更为完全，并使 I_2 形成 I_3^- 增大 I_2 的溶解性，提高滴定的准确度。

(2) 由于 CuI 沉淀表面吸附 I_3^-，使结果偏低。为了减少 CuI 对 I_3^- 的吸附，可在临近终点时加入 KSCN，使 CuI（$K_{sp} = 1.1 \times 10^{-12}$）沉淀转化为溶解度更小的 CuSCN（$K_{sp} = 4.8 \times 10^{-15}$）沉淀。使吸附的 I_2 释放出来，以防结果偏低。SCN^- 只能在临近终点时加入，否则 SCN^- 有可能直接将 Cu^{2+} 还原成 Cu^+，使结果偏低。

$$CuI + KSCN = CuSCN\downarrow + KI$$

$$6Cu^{2+} + 7SCN^- + 4H_2O = 6CuSCN\downarrow + SO_4^{2-} + CN^- + 8H^+$$

(3) 为防止铜盐水解，试液需加 H_2SO_4（不能加 HCl，避免形成 $[CuCl_3]^-$、$[CuCl_4]^{2-}$ 配合物）。控制 pH 值在 3.0～4.0 之间，酸度过高，则 I^- 易被空气中的氧氧化为 I_2（Cu^{2+} 催化此反应），使结果偏高。

(4) Fe^{3+} 对测定有干扰，$2Fe^{3+} + 2I^- = 2Fe^{2+} + I_2$，可加入 NH_4HF_2 消除 Fe^{3+} 的干扰，使其形成稳定的 $[FeF_6]^{3-}$ 配离子。这里 NH_4HF_2 又是缓冲溶液，可使溶液的 pH 保持在 3.3～4.0。

问题探究

　Ⅰ. $Na_2S_2O_3$ 标准滴定溶液常采用哪种配制方法？（见拓展任务六）

　Ⅱ. 本实验中加入 KSCN 的作用是什么？应在何时加入？为什么？

　Ⅲ. 淀粉指示剂何时加入？为什么？

　Ⅳ. 测定铜含量时，加入 KI 为何要过量？

　Ⅴ. 本任务中加入 NH_4HF_2 的作用是什么？

　Ⅵ. 间接碘量法误差的主要来源有哪些？应如何避免？

　Ⅶ. 间接碘量法一般选择中性或弱酸性条件。酸度过高对分析结果有何影响？

知识点三　碘量法

一、原理

碘量法是利用 I_2 的氧化性和 I^- 的还原性来进行滴定的方法，其基本反应是：

$$I_2 + 2e \longrightarrow 2I^- \qquad \varphi^{\ominus}_{I_3^-/I^-} = 0.545V$$

从 $\varphi^{\ominus}$ 值可以看出，I_2 是较弱的氧化剂，能与较强的还原剂作用；I^- 是中等强度的还原剂，能与许多氧化剂作用，因此碘量法可分成直接碘量法、间接碘量法两类。

碘量法使用淀粉为指示剂，I_2 遇淀粉反应生成深蓝色的化合物。当 I_2 被还原为 I^- 时，蓝色就突然褪去，又称为专属指示剂。

二、应用

I_3^-/I^- 电对反应的可逆性好、副反应少，又有很灵敏的淀粉指示剂指示终点，因此碘量法的应用范围很广。直接碘量法和间接碘量法对比见表 4-4。

应用间接碘量法应注意以下几点。

① 酸度影响。溶液应为中性或弱酸性，在碱性溶液中有

$$S_2O_3^{2-} + 4I_2 + 10OH^- \longrightarrow 2SO_4^{2-} + 8I^- + 5H_2O$$

$$3I_2 + 6OH^- \longrightarrow IO_3^- + 5I^- + 3H_2O$$

在强酸性溶液中，有

$$S_2O_3^{2-} + 2H^+ \longrightarrow SO_2 + S\downarrow + H_2O$$

$$4I^- + 4H^+ + O_2 \longrightarrow 2I_2 + 2H_2O$$

当 pH<2 时，淀粉会水解成糊精，与 I_2 作用显红色；若 pH>9 时，I_2 转变为 IO^- 与淀粉不显色。

② 过量 KI 作用。KI 与 I_2 形成 I_3^-，以减小 I_2 的挥发性，提高淀粉指示剂的灵敏度。另外，加入过量的 KI，可加快反应速度和提高反应进行的完全程度。

③ 温度影响。一般在室温下进行即可。因温度升高可增大 I_2 的挥发性，I_3^- 与淀粉的蓝色在热溶液中会消失。

④ 光线影响。光线能催化 I^- 被空气氧化。

⑤ 滴定前放置。当氧化性物质与 KI 作用时，一般先在暗处放置 5min，使其反应后，

再立即用 $Na_2S_2O_3$ 进行滴定。

表 4-4 直接碘量法与间接碘量法对比

项　目	直接碘量法(碘滴定法)	间接碘量法(滴定碘法)
应用	可以直接测定电位值比 $\varphi_{I_3^-/I^-}^{\ominus}$ 小的还原性物质，如 S^{2-}、SO_3^{2-}、Sn^{2+}、$S_2O_3^{2-}$、维生素 C 等	间接测定电位值比 $\varphi_{I_3^-/I^-}^{\ominus}$ 高的氧化性物质，如 Cu^{2+}、$Cr_2O_7^{2-}$、IO_3^-、BrO_3^-、AsO_4^{3-}、ClO^-、NO_2^-、H_2O_2、MnO_4^-、Fe^{3+}、水中溶解氧等
标准溶液配制时注意要点	I_2 标准滴定溶液（见拓展任务七）配制时加入大量 KI，贮存于棕色试剂瓶	$Na_2S_2O_3$ 标准滴定溶液（见拓展任务六）使用新煮沸并冷却的蒸馏水，加入 Na_2CO_3，"三怕"。贮存于棕色试剂瓶
测定过程		
反应式	$I_2 + 2e \longrightarrow 2I^-$（利用 I_2 的氧化性）	$2I^- - 2e \longrightarrow I_2$（利用 I^- 的还原性） $I_2 + 2S_2O_3^{2-} \longrightarrow S_4O_6^{2-} + 2I^-$
基本单元	$\frac{1}{2}I_2$	$Na_2S_2O_3$
指示剂	淀　粉	
终点颜色	出现蓝色	蓝色消失
何时加入	一开始就加入	近终点加入（若过早加入淀粉，它与 I_2 形成的蓝色配合物会吸留部分 I_2，往往易使终点提前且不明显）
酸度条件	中性或弱酸性（为什么？）	
主要误差来源	一是 I_2 易挥发；二是在酸性溶液中，I^- 易被空气中的 O_2 氧化	
防止措施	防止 I_2 的挥发：要加入过量的 KI，使 I_2 生成 I_3^-；使用碘瓶；滴定时不要剧烈摇动。 防止 I^- 被空气氧化：在反应时，应将碘瓶置于暗处；滴定前调节好酸度；析出 I_2 后立即进行滴定	

知识要点

一、高锰酸钾法

Ⅰ. $KMnO_4$ 标准溶液——间接法配制

反应式：$2MnO_4^- + 5C_2O_4^{2-} + 16H^+ \Longrightarrow 2Mn^{2+} + 10CO_2\uparrow + 8H_2O$（基准物 $Na_2C_2O_4$ 标定）

温度：75～85℃或者近终点 65℃	滴定速度：开始滴定速度不宜太快
酸度：0.5～1mol/L H_2SO_4	催化剂：于滴定前加入几滴 $MnSO_4$
自身指示剂：终点为浅粉红色	

Ⅱ. 基本单元：强酸性条件下 $KMnO_4$ 基本单元为 $\frac{1}{5}KMnO_4$

二、重铬酸钾法

Ⅰ. 在酸性溶液中 $Cr_2O_7^{2-} + 14H^+ + 6e \Longrightarrow 2Cr^{3+} + 7H_2O$　$\varphi^{\ominus} = 1.36V$

$K_2Cr_2O_7$ 可直接配制标准溶液，也可以间接法配制。

指示剂为一般氧化还原指示剂

Ⅱ. 基本单元：$\frac{1}{6}K_2Cr_2O_7$。

三、碘量法

Ⅰ. 原理

碘量法是利用 I_2 的氧化性和 I^- 的还原性来进行滴定的分析方法。可分为直接碘量法和间接碘量法。采用淀粉为指示剂。

碘量法误差的主要来源：I_2 的挥发、I^- 被氧化。

Ⅱ. 标准滴定溶液

$Na_2S_2O_3$ 标准溶液：应使用新煮沸、冷却的蒸馏水，加入少量 Na_2CO_3。贮存于棕色瓶中，放置暗处 8～14d 后再标定。"三怕"，常用 $K_2Cr_2O_7$ 标定。

I_2 标准溶液：要加入大量 KI。常使用 $Na_2S_2O_3$ 标准溶液来标定。

Ⅲ. 基本单元：$\frac{1}{2}I_2$、$Na_2S_2O_3$。

拓展任务四　$KMnO_4$ 标准滴定溶液的制备

【任务描述】

市售高锰酸钾试剂常含有少量的 MnO_2 及其他杂质，使用的蒸馏水中也含有少量如尘埃、有机物等还原性物质。这些物质都能与 MnO_4^- 反应析出 $MnO(OH)_2$ 沉淀使 $KMnO_4$ 还原，致使溶液浓度发生改变。因此 $KMnO_4$ 标准滴定溶液不能直接配制，而采用间接法。配制好的标准溶液可以用来测定较清洁的水质 COD 值，氯化钙中钙，软锰矿中 MnO_2 等。

【任务实施】

1. **原理**

标定 $KMnO_4$ 溶液的基准物很多，如 $Na_2C_2O_4$、$H_2C_2O_4 \cdot 2H_2O$、$(NH_4)_2Fe(SO_4)_2 \cdot$

$6H_2O$ 等。其中常用的是 $Na_2C_2O_4$，在 $105\sim110℃$ 烘至恒重，即可使用。

在酸度为 $0.5\sim1mol/L$ 的 H_2SO_4 酸性溶液中，以 $KMnO_4$ 自身为指示剂，以 $Na_2C_2O_4$ 为基准物标定 $KMnO_4$ 溶液（图 4-2），反应式为：

$$5C_2O_4^{2-}+2MnO_4^-+16H^+===2Mn^{2+}+10CO_2\uparrow+8H_2O$$

标定时应注意以下条件。

（1）温度　$Na_2C_2O_4$ 溶液加热至 $65℃$ 再进行滴定。不能使温度超过 $90℃$，否则 $H_2C_2O_4$ 分解，导致标定结果偏高。

$$H_2C_2O_4 \xrightarrow{\geqslant90℃} H_2O+CO_2\uparrow+CO\uparrow$$

（2）酸度　溶液应保持足够大的酸度，一般控制酸度为 $0.5\sim1mol/L$。如果酸度不足，易生成 MnO_2 沉淀，酸度过高则又会使 $H_2C_2O_4$ 分解。

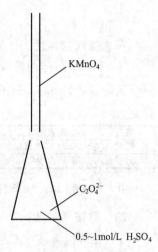

图 4-2　$KMnO_4$ 标准
滴定溶液的标定

（3）滴定速度　MnO_4^- 与 $C_2O_4^{2-}$ 的反应开始时速度很慢，当有 Mn^{2+} 生成之后，反应速度逐渐加快。这种生成物本身引起的催化作用的反应称为自催化反应。但不能太快，否则加入的 $KMnO_4$ 溶液会因来不及与 $C_2O_4^{2-}$ 反应，就在热的酸性溶液中分解，导致标定结果偏低。

$$4MnO_4^-+12H^+===4Mn^{2+}+6H_2O+5O_2\uparrow$$

若滴定前加入少量的 $MnSO_4$ 为催化剂，则在滴定的最初阶段就以较快的速度进行。

（4）滴定终点　用 $KMnO_4$ 溶液滴定至溶液呈淡粉红色 30s 不褪色即为终点。放置时间过长，空气中还原性物质能使 $KMnO_4$ 还原而褪色。

2. 任务准备

（1）$KMnO_4$ 固体。

（2）硫酸溶液　$8+92$、$3mol/L$。

（3）工作基准试剂草酸钠。

（4）G_4 玻璃砂心漏斗。

3. 分析步骤

（1）配制 $c\left(\dfrac{1}{5}KMnO_4\right)=0.1mol/L$ 的 $KMnO_4$ 溶液 500mL

称取 1.6g $KMnO_4$ 固体于 500mL 烧杯中，加入 520mL 水使之溶解。盖上表面皿，在电炉上加热至沸，缓缓煮沸 15min，冷却后置于暗处静置两周，用 G_4 玻璃砂心漏斗（该漏斗预先以同样浓度 $KMnO_4$ 溶液缓缓煮沸 5min）过滤，除去 MnO_2 等杂质，滤液贮存于干燥具玻璃塞的棕色试剂瓶，待标定。

（2）标定

方法一：准确称取 $0.15\sim0.20g$ 基准物质 $Na_2C_2O_4$，置于 250mL 锥形瓶中，加 30mL 水溶解，再加入 10mL $3mol/L$ H_2SO_4 溶液，加热至 $75\sim85℃$（开始冒蒸气），趁热用待标定的 $KMnO_4$ 溶液滴定。注意滴定速度，开始时反应较慢，应在加入的一滴 $KMnO_4$ 溶液褪色后，再加下一滴。滴定至溶液呈粉红色且在 30s 不褪即为终点。记录消耗 $KMnO_4$ 溶液的体积。同时做空白试验。

方法二：称取 0.25g 于 105～110℃电烘箱中干燥至恒重的工作基准试剂草酸钠，溶于 100mL 硫酸溶液（8＋92）中，用配制好的高锰酸钾溶液滴定，近终点时加热至约 65℃，继续滴定至溶液呈粉红色，并保持 30s。同时做空白试验。

4. 注意事项

（1）为使配制的高锰酸钾溶液浓度达到欲配制浓度，通常称取稍多于理论用量的固体 $KMnO_4$。

（2）标定好的 $KMnO_4$ 溶液在放置一段时间后，若发现有沉淀析出，应重新过滤并标定。

（3）标定条件的控制：近终点时加热至约 65℃；酸度 0.5～1mol/L 硫酸溶液；滴定速度适当；终点半分钟不褪色。

问题探究

Ⅰ. 配制 $KMnO_4$ 溶液时，为什么要将 $KMnO_4$ 溶液煮沸一定时间或放置数天？为什么要冷却放置后过滤，能否用滤纸过滤？

Ⅱ. $KMnO_4$ 溶液应装于哪种滴定管中，为什么？说明读取滴定管中 $KMnO_4$ 溶液体积的正确方法。

Ⅲ. 装 $KMnO_4$ 溶液的锥形瓶、烧杯或滴定管，放置久后壁上常有棕色沉淀物，它是什么？怎样才能洗净？

Ⅳ. 用 $Na_2C_2O_4$ 基准物质标定 $KMnO_4$ 溶液的浓度，其标定条件有哪些？为什么用 H_2SO_4 调节酸度？可否用 HCl 或 HNO_3？酸度过高、过低或温度过高、过低对标定结果有何影响？

Ⅴ. 在酸性条件下，以 $KMnO_4$ 溶液滴定 $Na_2C_2O_4$ 时，开始紫色褪去较慢，后来褪去较快，为什么？

Ⅵ. 若用 $(NH_4)_2Fe(SO_4)_2 \cdot 6H_2O$ 为基准物质标定 $KMnO_4$ 溶液，试写出反应式和 $KMnO_4$ 溶液浓度的计算公式。

拓展任务五　$K_2Cr_2O_7$ 标准滴定溶液的制备

【任务描述】

$K_2Cr_2O_7$ 易提纯，可以制成基准物质，在 140～150℃干燥 2h 后，直接配制标准溶液。也可以采用分析纯 $K_2Cr_2O_7$ 间接法配制。$K_2Cr_2O_7$ 标准溶液相当稳定，保存在密闭容器中，浓度可长期保持不变。配制好的标准溶液可以用于水质污染较重的 COD，铁矿石中全铁量、绿矾中亚铁含量的测定等。

【任务实施】

1. 原理

直接法：用基准试剂 $K_2Cr_2O_7$ 直接配制。基准试剂 $K_2Cr_2O_7$ 在 120℃±2℃干燥 2h 预处理后，用直接法配制标准滴定溶液。

间接法：使用分析纯 $K_2Cr_2O_7$ 试剂配制标准溶液。在一定量 $K_2Cr_2O_7$ 溶液中加入过量 KI 溶液及 H_2SO_4 溶液，生成的 I_2 用 $Na_2S_2O_3$ 标准溶液滴定。反应式为：

$$Cr_2O_7^{2-} + 6I^- + 14H^+ === 2Cr^{3+} + 3I_2 + 7H_2O$$

$$I_2 + 2S_2O_3^{2-} === 2I^- + S_4O_6^{2-}$$

以淀粉指示剂确定终点。

2. 任务准备

（1）基准物质 $K_2Cr_2O_7$　于 120℃烘干至恒重。

（2）$K_2Cr_2O_7$ 固体。

（3）KI 固体。

（4）H_2SO_4 溶液　20%。

（5）$Na_2S_2O_3$ 标准滴定溶液　$c(Na_2S_2O_3) = 0.1mol/L$。

（6）淀粉指示液　10g/L。配制：称取 1.0g 可溶性淀粉放入小烧杯中，加水 10mL，使成糊状，在搅拌下倒入 90mL 沸水中，微沸 2min，冷却后转移至 100mL 试剂瓶中。

3. 分析步骤

（1）方法一　直接法配制 $c\left(\dfrac{1}{6}K_2Cr_2O_7\right) = 0.1mol/L$

称取 4.90g±0.20g 已在 120℃±2℃的电烘箱中干燥至恒重的工作基准试剂重铬酸钾，溶于水，移入 1000mL 容量瓶中，稀释至刻度。

（2）方法二　间接法配制 $c\left(\dfrac{1}{6}K_2Cr_2O_7\right) = 0.1mol/L$

① 配制　称取 5g 重铬酸钾，溶于 1000mL 水中，摇匀。

② 标定　量取 35.00～40.00mL 配制好的重铬酸钾溶液，置于碘量瓶中，加 2g 碘化钾及 20mL 硫酸溶液，摇匀，于暗处放置 10min。加 150mL 水（15～20℃），用硫代硫酸钠标准滴定溶液滴定，近终点时加 2mL 淀粉指示液，继续滴定至溶液由蓝色变为亮绿色。同时做空白试验。

4. 注意事项

（1）$K_2Cr_2O_7$ 与 KI 反应慢，溶液酸度越大，反应越快。但酸度太大时，I^- 容易被空气中 O_2 氧化，一般保持酸度为 0.4mol/L。

（2）KI 用量应为理论计算量的 2～3 倍。

（3）用 $Na_2S_2O_3$ 滴定生成的 I_2 时应保持溶液呈中性或弱酸性。所以常在滴定前用蒸馏水稀释，降低酸度。通过稀释，还可以减少 Cr^{3+} 绿色对终点的影响。

问题探究

Ⅰ. 间接法配制 $K_2Cr_2O_7$ 标准滴定溶液，用水封碘量瓶口的目的是什么？于暗处放置 10min 的目的是什么？

Ⅱ. 用间接碘量法标定 $K_2Cr_2O_7$ 溶液的原理是什么？标定时，淀粉指示剂何时加入？如果加入过早或过晚会产生哪些影响？

Ⅲ. 加入 KI 作用是什么？

拓展任务六　$Na_2S_2O_3$ 标准滴定溶液的制备

【任务描述】

固体 $Na_2S_2O_3 \cdot 5H_2O$ 试剂一般都含有少量杂质，如 Na_2SO_3、Na_2CO_3、$NaCl$ 和 S 等，并且放置过程易风化，因此不能用直接法配制标准滴定溶液。$Na_2S_2O_3$ 溶液有"三怕"，即怕光、怕细菌、怕空气，所以要正确地配制和保存 $Na_2S_2O_3$ 溶液。配制好的标准溶液可以用来测定胆矾中硫酸铜、注射液中葡萄糖、漂白粉中有效氯、硫化物、加碘食盐中碘含量的测定等。

【任务实施】

1. 原理

配制好的 $Na_2S_2O_3$ 溶液在空气中不稳定，容易分解，这是由于在水中的微生物、CO_2、空气中 O_2 作用下，发生下列反应：

$$Na_2S_2O_3 \xrightarrow{\text{微生物}} Na_2SO_3 + S \downarrow$$
$$3Na_2S_2O_3 + 4CO_2 + 3H_2O \longrightarrow 2NaHSO_4 + 4NaHCO_3 + 4S \downarrow$$
$$2Na_2S_2O_3 + O_2 \longrightarrow 2Na_2SO_4 + 2S \downarrow$$

此外，水中微量的 Cu^{2+} 或 Fe^{3+} 等也能促进 $Na_2S_2O_3$ 溶液分解，因此配制 $Na_2S_2O_3$ 溶液时，应当用新煮沸并冷却的蒸馏水，并加入少量 Na_2CO_3，使溶液呈弱碱性，以抑制细菌生长。

标定 $Na_2S_2O_3$ 溶液的基准物质有 $K_2Cr_2O_7$、KIO_3、$KBrO_3$ 及升华 I_2 等。除 I_2 外，其他物质都需在酸性溶液中与 KI 作用析出 I_2 后，再用配制的 $Na_2S_2O_3$ 溶液滴定。

以 $K_2Cr_2O_7$ 作基准物，则 $K_2Cr_2O_7$ 在酸性溶液中与 I^- 发生如下反应：

$$Cr_2O_7^{2-} + 6I^- + 14H^+ \longrightarrow 2Cr^{3+} + 3I_2 + 7H_2O$$

反应析出的 I_2 以淀粉为指示剂用待标定的 $Na_2S_2O_3$ 溶液滴定。

$$I_2 + 2S_2O_3^{2-} \longrightarrow 2I^- + S_4O_6^{2-}$$

2. 任务准备

(1) 硫代硫酸钠固体。

(2) $K_2Cr_2O_7$ 固体　基准试剂，使用前在 140～150℃烘干。

(3) KI 固体。

(4) H_2SO_4 溶液　20%。

(5) 淀粉指示液　10g/L。称取 1.0g 可溶性淀粉放入小烧杯中，加水 10mL，使成糊状，在搅拌下倒入 90mL 沸水中，微沸 2min，冷却后转移至 100mL 试剂瓶中。

(6) 无水碳酸钠固体。

3. 分析步骤

(1) 配制 $c(Na_2S_2O_3) = 0.1mol/L$ 硫代硫酸钠溶液 1000mL

称取 26g 硫代硫酸钠（$Na_2S_2O_3 \cdot 5H_2O$）（或 16g 无水硫代硫酸钠），加 0.2g 无水碳酸钠，溶于 1000mL 水中，缓缓煮沸 10min，冷却。贮于棕色瓶中，放置两周后过滤、标定。

(2) 标定

称取 0.18g 于 120℃±2℃ 干燥至恒重的工作基准试剂重铬酸钾，置于碘量瓶中，溶于 25mL 水，加 2g 碘化钾及 20mL 硫酸溶液，摇匀，于暗处放置 10min。加 150mL 水（15～20℃），用配制好的硫代硫酸钠溶液滴定，近终点时加 2mL 淀粉指示液，继续滴定至溶液由蓝色变为亮绿色。同时做空白试验。

4. 注意事项

（1）配制 $Na_2S_2O_3$ 溶液配制时，需要用新煮沸（除去 CO_2 和杀死细菌）并冷却了的蒸馏水，或将 $Na_2S_2O_3$ 试剂溶于蒸馏水中，煮沸 10min 后冷却，加入少量 Na_2CO_3 使溶液呈碱性，以抑制细菌生长。

（2）酸度 一般应控制酸度为 0.2～0.4mol/L 左右。

（3）速率 $Cr_2O_7^{2-}$ 与 I^- 反应较慢，应在暗处放置 10min 使反应完全后再滴定。为加速反应，须加入过量的 KI 并提高酸度，不过酸度过高会加速空气氧化 I^-。

（4）稀释 用 $Na_2S_2O_3$ 滴定生成的 I_2 时应保持溶液呈中性或弱酸性，滴定前用蒸馏水稀释，降低酸度。通过稀释，还可以减少 Cr^{3+} 绿色对终点的影响。

（5）回蓝现象 滴定至终点后，经过 5～10min，溶液又会出现蓝色，这是由于空气氧化 I^- 所引起的，属正常现象。若滴定到终点后，很快又转变为蓝色，则可能是由于酸度不足或放置时间不够使 $K_2Cr_2O_7$ 与 KI 的反应未完全，此时应弃去重做。

问题探究

Ⅰ. 配制 $c(Na_2S_2O_3)=0.1mol/L$ 溶液 500mL，应称取多少克 $Na_2S_2O_3 \cdot 5H_2O$ 或 $Na_2S_2O_3$？

Ⅱ. 配制 $Na_2S_2O_3$ 溶液时，为什么需用新煮沸的蒸馏水？为什么将溶液煮沸 10min？为什么常加入少量 Na_2CO_3？为什么放置两周后标定？

Ⅲ. 在碘量法中为什么使用碘量瓶而不使用普通锥形瓶？

Ⅳ. 标定 $Na_2S_2O_3$ 溶液时，滴定到终点时，溶液放置一会儿又重新变蓝，为什么？

Ⅴ. 标定 $Na_2S_2O_3$ 溶液时，为什么淀粉指示剂要在临近终点时才加入？

Ⅵ. $Na_2S_2O_3$ 溶液应使用何种滴定管？如何读数？

拓展任务七　I_2 标准滴定溶液的制备

【任务描述】

碘可以通过升华法制得纯试剂，但因其升华及对天平有腐蚀性，故不宜用直接法配制 I_2 标准溶液。通常用市售的碘采用间接法配制。由于 I_2 难溶于水，易溶于 KI 溶液，故配制时应将 I_2、KI 与少量水一起研磨后再用水稀释，并保存在棕色试剂瓶中待标定。标定好的标准溶液可以用于维生素 C 中抗坏血酸含量的测定等。

【任务实施】

1. 原理

基准物法：可以用基准物质 As_2O_3（砒霜，剧毒物）来标定 I_2 溶液。As_2O_3 难溶于水，可溶于碱溶液中，与 NaOH 反应生成亚砷酸钠，用 I_2 溶液进行滴定。反应式为：

$$As_2O_3 + 6NaOH \longrightarrow 2Na_3AsO_3 + 3H_2O$$

$$Na_3AsO_3 + I_2 + H_2O \longrightarrow Na_3AsO_4 + 2HI$$

比较法：一般常用已知浓度的 $Na_2S_2O_3$ 标准滴定溶液标定 I_2 溶液。用 I_2 溶液滴定一定体积的 $Na_2S_2O_3$ 标准溶液。反应为：

$$I_2 + 2S_2O_3^{2-} \longrightarrow 2I^- + S_4O_6^{2-}$$

以淀粉为指示剂，终点由无色到蓝色。

2. 任务准备

(1) 固体试剂 I_2。

(2) 固体试剂 KI。

(3) 固体试剂 $NaHCO_3$。

(4) 固体试剂 As_2O_3　基准物质，在硫酸干燥器中干燥至恒重。

(5) NaOH 溶液　$c(NaOH) = 1mol/L$。

(6) H_2SO_4 溶液　$c\left(\frac{1}{2}H_2SO_4\right) = 1mol/L$。

(7) 淀粉指示液　10g/L。

(8) 酚酞指示液　10g/L。

(9) 硫代硫酸钠标准溶液　$c(Na_2S_2O_3) = 0.1mol/L$。

3. 分析步骤

(1) 配制 $c\left(\frac{1}{2}I_2\right) = 0.1mol/L$ 的 I_2 溶液

称取 13g 碘及 35g 碘化钾，溶于 100mL 水中，稀释至 1000mL，摇匀，贮存于棕色瓶中。

(2) 标定

① 方法一　工作基准试剂三氧化二砷标定。

称取 0.18g 预先在硫酸干燥器中干燥至恒重的工作基准试剂三氧化二砷，置于碘量瓶中，加 6mL $c(NaOH) = 1mol/L$ 氢氧化钠标准滴定溶液溶解，加 50mL 水，加 2 滴酚酞指示剂（10g/L），用 $c\left(\frac{1}{2}H_2SO_4\right) = 1mol/L$ 硫酸标准滴定溶液滴定至溶液无色，加 0.3g 碳酸氢钠及 2mL 淀粉指示液（10g/L），用配制好的碘溶液滴定至溶液呈浅蓝色。同时做空白试验。

② 方法二　硫代硫酸钠标准滴定溶液的比较标定。

量取 35.00~40.00mL 配制好的碘溶液，置于碘量瓶中，加 150mL 水（15~20℃），用硫代硫酸钠标准滴定溶液[$c(Na_2S_2O_3) = 0.1mol/L$]滴定，近终点时加 2mL 淀粉指示液（10g/L），继续滴定至溶液蓝色消失。

同时做水所消耗碘的空白试验：取 250mL 水（15~20℃），加 0.05~0.20mL 配制好的碘溶液及 2mL 淀粉指示液（10g/L），用硫代硫酸钠标准滴定溶液[$c(Na_2S_2O_3) = 0.1mol/L$]滴定至溶液蓝色消失。

问题探究

I . I_2 溶液应装在何种滴定管中？为什么？如何读数？

II . 配制 I_2 溶液时为什么要加 KI？

III . 分析本实验的主要误差来源。

能力考核　维生素 C 片中抗坏血酸含量的测定

【考核目标】

（1）能正确地理解其实验原理和方法（反应式、测定方法、滴定方式、指示剂及终点现象）；

（2）能正确地设计实验步骤，学会正确地配制相关溶液；

（3）掌握容量分析的基本操作技术；

（4）熟练掌握数据处理与表格设计等内容；

（5）文明安全操作，仪器无损坏，守纪律，注意公共卫生。

实验原理、仪器和试剂、分析步骤、数据处理均由学生自行设计。

【任务提示】

（1）维生素 C 在空气中易被氧化，所以加入 HAc 酸化，并应立即滴定；

（2）由于蒸馏水中溶解有氧，因此蒸馏水必须事先煮沸，否则会使测定结果偏低。

沉淀滴定法测定物质含量

【情境导入】 沉淀滴定法是以沉淀反应为基础，基于沉淀溶解平衡建立的一种滴定分析方法。沉淀反应虽然很多，但是能用于沉淀滴定法的并不多，目前有实用价值的主要是形成难溶性银盐的反应，例如：

$$Ag^+ + Cl^- \Longrightarrow AgCl \downarrow \qquad\qquad Ag^+ + SCN \Longrightarrow AgSCN \downarrow$$

这种利用生成难溶银盐反应进行沉淀滴定的方法称为银量法，本情境主要介绍应用比较多的银量法。银量法主要用于测定 Cl^-、Br^-、I^-、Ag^+、CN^-、SCN^- 等离子及含卤素的有机化合物。

| 铜银合金 | 酱油 | 氯化钠注射液 | 精制食盐 |

根据所用的标准溶液和指示剂的不同，银量法分为三种：莫尔法、佛尔哈德法、法扬司法。本教学情境以三个任务为引领，进行理实一体化教学，学生要能够依据国标或技术规范独立完成拓展任务及能力考核，出具检验报告单。

引领任务	拓展任务	能力考核
任务一 自来水中 Cl^- 含量的测定	拓展任务四 $AgNO_3$ 标准滴定溶液的制备	食盐中 NaCl 含量的测定
任务二 酱油中 NaCl 含量的测定	拓展任务五 NH_4SCN 标准滴定溶液的制备	
任务三 原料药 NaCl 含量的测定		

任务一　自来水中 Cl^- 含量的测定（莫尔法）

【任务描述】

天然水中一般都含有氯化物，天然水用漂白粉消毒或加入凝聚剂 $AlCl_3$ 处理时也会带入一定量的氯化物，一般要求饮用水中的氯化物不得超过 250mg/L。当饮用水中的氯化物含量超过 250mg/L 时，人对水的咸味开始有味觉感官；含量大于 500mg/L 时，对胃液分泌、水代谢有影响，可引起人体慢性中毒，且对配水系统有腐蚀作用。请你对当地日常自来水中氯的含量分析化验，并出具检验报告单。

![【任务实施】]

1. 原理

在中性或弱碱性介质（pH＝6.5～10.5）中，以 $AgNO_3$ 作为标准滴定溶液，K_2CrO_4 为指示剂测定 Cl^-。反应式为：

$$Cl^- + Ag^+ = AgCl\downarrow（白色）$$
$$CrO_4^{2-} + 2Ag^+ = Ag_2CrO_4\downarrow（砖红色）$$

当滴定剂 Ag^+ 与 Cl^- 达到化学计量点时，微过量的 Ag^+ 与 CrO_4^{2-} 反应析出砖红色的 Ag_2CrO_4 沉淀，指示滴定终点的到达。

2. 任务准备

（1）K_2CrO_4 指示液　50g/L。

（2）水试样　自来水或天然水。

3. 分析步骤

（1）$c(AgNO_3)$＝0.01mol/L 的 $AgNO_3$ 标准滴定溶液的制备

用移液管吸取拓展任务四中标定好的 0.1mol/L $AgNO_3$ 溶液 25.00mL，于 250mL 棕色容量瓶中稀释至刻度，摇匀。

（2）自来水中氯含量的测定

用移液管移取水样 100.0mL 放于锥形瓶中，加 K_2CrO_4 指示液 2mL，在充分摇动下，用 $c(AgNO_3)$＝0.01mol/L $AgNO_3$ 标准滴定溶液滴定至溶液由黄色变为微红色，即为终点，平行测定三次，同时做空白实验。计算水中氯含量（以 mg/L 表示）。

4. 注意事项

（1）$AgNO_3$ 试剂及其溶液具有腐蚀性，破坏皮肤组织，注意切勿接触皮肤及衣服。

（2）实验完毕后，盛装 $AgNO_3$ 溶液的滴定管应先用蒸馏水洗涤 2～3 次后，再用自来水洗净，以免 AgCl 沉淀残留于滴定管内壁。

（3）近终点要剧烈摇动锥形瓶，以解吸被吸附的 Cl^-。

问题探究

Ⅰ. $AgNO_3$ 应放于何种滴定管中，如何读数？

Ⅱ. 滴定之前及结束后的锥形瓶应如何洗涤？滴定后的滴定管如何洗涤？

Ⅲ. 推导水中氯含量计算公式，结果以 mg/L 表示。

Ⅳ. 锥形瓶中同时存在 Cl^-、CrO_4^{2-}，为什么优先沉淀 Cl^-，而后沉淀 CrO_4^{2-}？

Ⅴ. CrO_4^{2-} 浓度过高或过低，对测定结果有何影响？

Ⅵ. 如何检验溶液的 pH，水样如为酸性或碱性，对测定有无影响？应如何处理？

Ⅶ. 近终点不剧烈摇动锥形瓶，测定结果会怎样？

知识点一　莫尔法——铬酸钾作指示剂

莫尔法是以 K_2CrO_4 为指示剂，在中性或弱碱性介质中，用 $AgNO_3$ 作为标准滴定溶液测定卤素含量的方法。

一、指示剂的作用原理

以任务一测定 Cl^- 为例，K_2CrO_4 作指示剂，用 $AgNO_3$ 标准溶液滴定（见图 5-1），其反应为：

$$Ag^+ + Cl^- \Longrightarrow AgCl\downarrow \qquad 白色$$
$$2Ag^+ + CrO_4^{2-} \Longrightarrow Ag_2CrO_4\downarrow \qquad 砖红色$$

这个方法的依据是分步沉淀原理，$s(AgCl) < s(Ag_2CrO_4)$，$AgCl$ 先析出沉淀，当滴定剂 Ag^+ 与 Cl^- 达到化学计量点时，微过量的 Ag^+ 与 CrO_4^{2-} 反应析出砖红色的 Ag_2CrO_4 沉淀，指示滴定终点的到达。

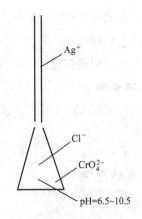

图 5-1 $AgNO_3$ 标准溶液滴定 Cl^-

二、滴定条件

1. 指示剂用量

滴定溶液中 $[CrO_4^{2-}] = 5 \times 10^{-3}\,mol/L$ 是确定滴定终点的适宜浓度。

$[CrO_4^{2-}]$ 过高：Ag_2CrO_4 沉淀析出过早；$[CrO_4^{2-}]$ 过低：Ag_2CrO_4 沉淀析出过迟。

2. 滴定时的酸度

莫尔法只能在中性或弱碱性（$pH = 6.5 \sim 10.5$）溶液中进行。

强碱性介质	酸性介质
$AgNO_3$ 发生如下反应： $2Ag^+ + 2OH^- \Longrightarrow Ag_2O\downarrow + H_2O$ **后果**：从而析出棕黑色 Ag_2O 沉淀，不利于终点的观察。 **解决方法**：可用稀 HNO_3 溶液中和。	K_2CrO_4 发生如下反应： $2CrO_4^{2-} + 2H^+ \Longrightarrow 2HCrO_4^- \Longrightarrow Cr_2O_7^{2-} + H_2O$ **后果**：降低了 CrO_4^{2-} 的浓度，使 Ag_2CrO_4 沉淀出现过迟，甚至不会沉淀。 **解决方法**：可用 $Na_2B_4O_7 \cdot 10H_2O$、$NaHCO_3$ 或 $CaCO_3$ 中和。

3. 剧烈摇动

在滴定过程中生成的 $AgCl$ 沉淀易吸附溶液中尚未反应的 Cl^-，滴定终点将过早出现，而产生较大误差。因此滴定时必须剧烈摇动，使被吸附的 Cl^- 释放出来。如图 5-2 所示。

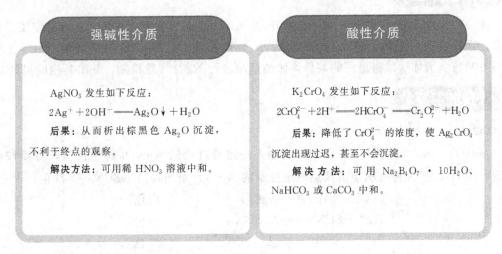

图 5-2 被吸附的 Cl^- 解吸

4. 干扰离子

凡能与 CrO_4^{2-} 或 Ag^+ 生成沉淀的阳离子、阴离子、有色离子均干扰滴定。因此，莫尔法的选择性较差。

三、应用范围

1. 直接滴定

可测定 Cl^-、Br^-，或二者总量，不宜测定 I^- 和 SCN^-（沉淀吸附严重）。

$$\begin{matrix} Cl^- \\ Br^- \end{matrix} \xrightarrow{AgNO_3\ 标液} \begin{matrix} AgCl \\ AgBr \end{matrix}$$

2. 返滴定法

用于测定 Ag^+。

$$Ag^+ \xrightarrow{NaCl\ 标液} AgCl\downarrow + Cl^-（过量）\xrightarrow{Ag^+\ 滴定} AgCl\downarrow$$

任务二　酱油中 NaCl 含量的测定（佛尔哈德法）

【任务描述】

酱油中含有的 NaCl 浓度一般不能少于 15%，太少起不到调味作用，且容易变质。如果太多，则味变苦，不鲜，感官指标不佳，影响产品质量。通常酿造酱油中 NaCl 含量为 18%～20%。请你对即将出厂的某品牌酱油产品进行 NaCl 含量检测，并出具检验报告单。

【任务实施】

1. 原理

在 $0.1\sim1mol/L$ 的 HNO_3 介质中，加入一定量过量的 $AgNO_3$ 标准溶液，加铁铵矾指示剂，用 NH_4SCN 标准滴定溶液返滴定过量的 $AgNO_3$ 至出现 $[Fe(SCN)]^{2+}$ 红色。

$$Cl^- + Ag^+ = AgCl\downarrow \qquad\qquad （白色）$$
$$Ag^+ + SCN^- = AgSCN\downarrow \qquad （白色）$$
$$Fe^{3+} + SCN^- = [Fe(SCN)]^{2+} \qquad （红色）$$

2. 任务准备

（1）HNO_3 溶液　6mol/L。

（2）$AgNO_3$ 标准滴定溶液　$c(AgNO_3)=0.02mol/L$，见拓展任务四。

（3）硝基苯或邻苯二甲酸二丁酯。

（4）铁铵矾指示液　80g/L。称取 8g 硫酸高铁铵溶于少许水，滴加浓硝酸至溶液几乎无色，用水稀释至 100mL。

（5）NH_4SCN 标准滴定溶液　$c(NH_4SCN)=0.02mol/L$，见拓展任务五。

（6）酱油试样。

3. 分析步骤

准确称取酱油样品 5.00g，定量移入 250mL 容量瓶中，加蒸馏水稀至刻度，摇匀。准确移取酱油样品稀释溶液 10.00mL 置于 250mL 锥形瓶中，加水 50mL，加 6mol/L HNO₃15mL 及 0.02mol/L AgNO₃ 标准溶液 25.00mL，再加邻苯二甲酸二丁酯 5mL，用力振荡摇匀。待 AgCl 沉淀凝聚后，加入铁铵矾指示剂 5mL，用 0.02mol/L NH₄SCN 标准滴定溶液滴定至血红色终点。记录消耗的 NH₄SCN 标准滴定溶液体积。平行测定三次。

问题探究

Ⅰ. 实训中各种试剂如何取用加入？

Ⅱ. 如果酱油颜色较深，如何处理？

Ⅲ. 指示剂的作用机理是什么？

Ⅳ. 用佛尔哈德法测定 NaCl 含量酸度条件是什么？能否在碱性条件下测定？

Ⅴ. 用佛尔哈德法测定 Cl⁻ 时，加入邻苯二甲酸丁酯的目的是什么？还有什么措施可以减小误差？

Ⅵ. 若测定 Br⁻、I⁻ 时是否需要加入硝基苯？

知识点二　佛尔哈德法——铁铵矾作指示剂

佛尔哈德法是在酸性介质（HNO₃）中，以铁铵矾[NH₄Fe(SO₄)₂·12H₂O]作指示剂、以 NH₄SCN 或 KSCN 作标准溶液来确定滴定终点的一种银量法。

一、指示剂作用原理

以测定 Ag⁺ 为例，在含有 Ag⁺ 的 HNO₃ 介质中，以铁铵矾作指示剂，用 NH₄SCN 标准溶液直接滴定。反应式

$$Ag^+ + SCN^- \Longrightarrow AgSCN \downarrow （白色）$$
$$Fe^{3+} + SCN^- \Longrightarrow [FeSCN]^{2+} （红色）$$

当滴定到化学计量点时，微过量的 SCN⁻ 与 Fe³⁺ 结合生成红色的[FeSCN]²⁺为滴定终点。如图 5-3 所示。

二、滴定条件

1. 指示剂的用量

通常 Fe³⁺ 的浓度为 0.015mol/L。

[Fe³⁺] 过大时，黄色会干扰终点的观察；

[Fe³⁺] 过小时，[SCN⁻] 将过量。

2. 溶液酸度

在 HNO₃ 介质中，[H⁺]＝0.1～1mol/L 之间。因为 Fe³⁺ 在中性或碱性溶液中形成 Fe(OH)₃ 沉淀。

3. 充分摇动，减少吸附

AgSCN 沉淀能吸附溶液中的 Ag⁺，形成 AgSCN·Ag⁺ 以

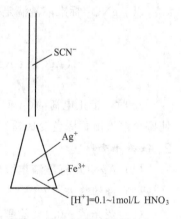

图 5-3　佛尔哈德法测定 Ag⁺

致红色的出现略早于 sp。因此在滴定过程中需剧烈摇动，使被吸附的 Ag⁺ 释放出来。

三、佛尔哈德法的应用

佛尔哈德法可用于测定卤素离子（如 Cl⁻、Br⁻、I⁻）和 SCN⁻，不过应采用返滴定法。注意：用佛尔哈德法测定 Cl⁻，滴定到临近终点时，经摇动后形成的红色会褪去，这是因为 AgSCN 的溶解度小于 AgCl 的溶解度，加入的 NH₄SCN 与 AgCl 发生沉淀转化反应

$$AgCl + SCN^- \Longrightarrow AgSCN\downarrow + Cl^-$$

沉淀的转化速率较慢，滴加 NH_4SCN 形成的红色随着溶液的摇动而消失。这种转化作用将继续进行到 Cl^- 与 SCN^- 浓度之间建立一定的平衡关系，才会出现持久的红色，无疑滴定已多消耗了 NH_4SCN 标准滴定溶液。为了避免上述现象的发生，通常采用以下两种措施。

（1）过滤除去 AgCl 沉定

$$试液 \xrightarrow[\text{加热煮沸}]{AgNO_3标液} AgCl + Ag^+(过量) \begin{cases} \longrightarrow 过滤、并用稀HNO_3洗涤 \\ \\ \longrightarrow AgSCN沉淀 \end{cases}$$

（2）隔离 AgCl 沉淀与外部溶液

$$试液 \xrightarrow{AgNO_3 标液} AgCl + Ag^+（过量）\xrightarrow[\text{并用力振荡}]{加有机溶剂} AgCl 被包裹$$

加入的有机溶剂可以是硝基苯或邻苯二甲酸二丁酯或 1,2-二氯乙烷。但硝基苯有毒。

任务三　原料药 NaCl 含量的测定（法扬司法）

【任务描述】

某制药厂要生产注射用 NaCl，现在要对生产该注射液的原料药 NaCl 含量进行测定，达到 99.5% 以上是合格，可以进入下一生产环节，否则可能会导致生产事故。请你对采购的该批次原料药进行测定，并出具检验报告单。

【任务实施】

1. 原理

以 $AgNO_3$ 标准溶液滴定 Cl^-，荧光黄为指示剂。反应式如下：

$$Cl^- + Ag^+ \Longrightarrow AgCl\downarrow \qquad （白色）$$

$$(AgCl)\cdot Ag^+ + FI^- \xrightarrow{吸附} (AgCl)\cdot Ag\cdot FI$$
$$（黄绿色）\qquad\qquad （粉红色）$$

sp 时，带正电荷的 $(AgCl)\cdot Ag^+$ 吸附荧光黄阴离子 FI^-，结构发生变化呈现粉红色，使整个溶液由黄绿色变成粉红色，指示终点的到达。

2. 任务准备

（1）$AgNO_3$ 标准滴定溶液　$c(AgNO_3)=0.1mol/L$。

（2）糊精溶液　2%。

（3）荧光黄　0.1%乙醇溶液。

（4）待测氯化钠固体。

3. 分析步骤

取待测样品 0.12g，精密称定，加水 50mL、2%糊精溶液 5mL 与荧光黄指示液 5～8滴，用硝酸银滴定液（0.1mol/L）滴定至终点，平行测定三次。

4. 注意事项

（1）由于颜色变化发生在沉淀表面，因此应尽量使沉淀的比表面积大一些。

（2）溶液的浓度不宜太稀，沉淀少时，观察终点比较困难。

（3）避免在强的阳光下进行滴定，因卤化银沉淀对光敏感，很快转变为灰黑色，影响终点的观察。

问题探究

Ⅰ. 加糊精溶液的目的是什么？

Ⅱ. 说明吸附指示剂的变色原理。

Ⅲ. 本实验如果用曙红作指示剂，测定结果如何？

Ⅳ. 若以法扬司法测定碘化物，应选择哪种吸附指示剂？

Ⅴ. 吸附指示剂使用时的注意事项是什么？

知识点三 法扬司法——吸附指示剂

法扬司法是以吸附指示剂确定滴定终点的一种银量法。吸附指示剂是一类有机染料，它的阴离子在溶液中易被带正电荷的胶状沉淀吸附，吸附后结构改变，从而引起颜色的变化，指示滴定终点的到达。吸附指示剂如表 5-1 所示。

表 5-1 吸附指示剂

指示剂	被测离子	滴定剂	滴定条件	终点颜色变化	溶液配制方法
荧光黄	Cl^-	$AgNO_3$	pH 7～10	黄绿→粉红	0.2％的乙醇溶液
二氯荧光	Cl^-	$AgNO_3$	pH4～10	黄绿→红	0.1％水溶液
曙红	Br^-,SCN^-,I^-	$AgNO_3$	pH2～10	橙黄→红紫	0.5％水溶液
甲基紫	Ag^+	NaCl	酸性溶液	黄红→红紫	0.1％水溶液
罗丹明 6G	Ag^+	NaBr	酸性溶液	橙→红紫	0.1％水溶液

一、指示剂作用机理

如任务三中测定 Cl^-，荧光黄是一种有机弱酸，用 HFI 表示，在水溶液中可离解为荧光黄阴离子 FI^-（黄绿色）。

sp 前（图 5-4）： $$AgCl \xrightarrow{\text{吸附}Cl^-（溶液中）} (AgCl) \cdot Cl^- \xrightarrow{\text{吸附}} \!\!\!\!\! /\;\; FI^-（黄绿色）$$

sp 后（图 5-5）：结构发生变化，整个溶液由黄绿色变成粉红色，指示终点的到达。

$$AgCl \xrightarrow{\text{吸附}Ag^+（微过量）} (AgCl) \cdot Ag^+$$

$$(AgCl) \cdot Ag^+ + FI^- \xrightarrow{\text{吸附}} (AgCl) \cdot Ag \cdot FI$$
$$\quad\quad\quad\quad\quad\quad （黄绿色）\quad\quad\quad （粉红色）$$

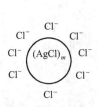

图 5-4 AgCl 胶粒（sp 前）

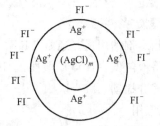

图 5-5 AgCl 胶粒（sp 后）

二、滴定条件

1. 保持沉淀呈胶体状态

由于吸附指示剂的颜色变化发生在沉淀微粒表面上，因此，应尽可能使卤化银沉淀呈胶体状态，具有较大的表面积。为此，在滴定前应将溶液稀释，并加糊精或淀粉等高分子化合物作为保护剂，以防止卤化银沉淀凝聚。

2. 控制溶液酸度

常用的吸附指示剂大多是有机弱酸，而起指示剂作用的是它们的阴离子。酸度大时，H^+ 与指示剂阴离子结合成不被吸附的指示剂分子，无法指示终点。例如荧光黄其 $pK_a \approx 7$，适用于 $pH = 7 \sim 10$ 的条件下进行滴定，若 $pH < 7$ 荧光黄主要以 HFI 形式存在，不被吸附。

3. 避免强光照射

卤化银沉淀对光敏感，易分解析出银使沉淀变为灰黑色，影响滴定终点的观察，因此在滴定过程中应避免强光照射。

4. 指示剂的吸附性能要适中

沉淀胶体微粒对指示剂离子的吸附能力，应略小于对待测离子的吸附能力，否则指示剂将在 sp 前变色。但不能太小，否则终点出现过迟。卤化银对卤化物和几种吸附指示剂的吸附能力的次序如下：

$$I^- > SCN^- > Br^- > 曙红 > Cl^- > 荧光黄$$

知识要点

一、莫尔法——K_2CrO_4 作指示剂

Ⅰ. 基本原理

以 $AgNO_3$ 为标准溶液，K_2CrO_4 作指示剂的银量法。

sp 前：$Ag^+ + Cl^- \rightleftharpoons AgCl\downarrow$（白）；　sp 时：$2Ag^+ + CrO_4^{2-} \rightleftharpoons Ag_2CrO_4\downarrow$（砖红）

Ⅱ. 测定条件

① 指示剂的用量。$[CrO_4^{2-}] = 0.005 mol \cdot L^{-1}$。

② 溶液的 $pH = 6.5 \sim 10.5$ 的中性或弱碱性条件。

③ 剧烈摇动，以减小沉淀对被滴定物的吸附。

Ⅲ. 应用

莫尔法主要用于测定 Cl^-、Br^- 和 Ag^+，莫尔法不宜测定 I^- 和 SCN^-。

二、佛尔哈德法——铁铵矾作指示剂

Ⅰ. 基本原理

用铁铵矾作指示剂，以 NH_4SCN 或 KSCN 标准溶液滴定 Ag^+ 的试液，反应如下：

$$Ag^+ + SCN^- \rightleftharpoons AgSCN\downarrow（白）　　Fe^{3+} + SCN^- \rightleftharpoons [Fe(SCN)]^{2+}（红）$$

Ⅱ. 测定条件

① 指示剂的用量。通常 $[Fe^{3+}] = 0.015 mol \cdot L^{-1}$。

② 溶液酸度。HNO_3 酸性，$[H^+]$ 在 $0.1 \sim 1 mol \cdot L^{-1}$ 之间。

③ 充分摇动，减少吸附。

Ⅲ. 应用

可以用来测定 Ag^+、Cl^-、Br^-、I^-、SCN^-；测定时注意 Cl^- 沉淀转化的发生。

三、法扬司法——吸附指示剂

Ⅰ. 基本原理

$$AgCl \cdot Ag^+ + FIn^- \xrightarrow{\text{吸附}} AgCl \cdot Ag \cdot FIn(\text{粉红色})$$

X^- 过量，沉淀表面吸附构晶离子 X^-，溶液中的指示剂阳离子作为抗衡离子被吸附。

Ⅱ. 吸附指示剂使用注意事项

①保持沉淀呈胶体状态；②控制溶液酸度；③避免强光照射；④吸附性能要适中

拓展任务四　$AgNO_3$ 标准滴定溶液的制备

【任务描述】

$AgNO_3$ 标准滴定溶液可用基准物 $AgNO_3$ 直接配制。但对于一般市售 $AgNO_3$，常因含有 Ag、Ag_2O 和铵盐等杂质，故需用间接法配制。本任务采用 NaCl 为基准物质标定。标定好的标准滴定溶液可以用于莫尔法、法扬司法、佛尔哈德法测定物质含量，应用很广泛。

【任务实施】

1. 原理

标定 $AgNO_3$ 溶液的基准物质多用 NaCl，以 K_2CrO_4 作指示剂。K_2CrO_4 溶液浓度一般以 5×10^{-3} mol/L 为宜。反应式为：

$$Cl^- + Ag^+ =\!=\!= AgCl\downarrow(\text{白色})$$
$$CrO_4^{2-} + 2Ag^+ =\!=\!= Ag_2CrO_4\downarrow(\text{砖红色})$$

当反应达化学计量点，Cl^- 定量沉淀为 AgCl 后，微过量的 Ag^+ 与 CrO_4^{2-} 生成砖红色 Ag_2CrO_4 沉淀，指示滴定终点。滴定反应必须在最适宜的酸度（为 pH=6.5～10.5 中性或弱碱性）溶液中进行。

2. 任务准备

(1) 固体 $AgNO_3$。

(2) 基准 NaCl　于 500～600℃灼烧至恒重。

(3) K_2CrO_4 指示液　50g/L。

3. 分析步骤

(1) 配制 $c(AgNO_3)=0.1$mol/L $AgNO_3$ 溶液 500mL

称取 8.5g $AgNO_3$，溶于 500mL 不含 Cl^- 的蒸馏水中，贮于棕色瓶中，摇匀。置暗处保存，待标定。

(2) $AgNO_3$ 溶液的标定

精密称取基准氯化钠 1.6～1.8g，置小烧杯中，定容在 250mL 容量瓶中，摇匀。准确平行吸取上述溶液 25.00mL 三份于锥形瓶中，加 25mL 水、1mL K_2CrO_4 指示液，在不断摇动下，用 $AgNO_3$ 标准滴定溶液滴定至溶液微呈淡橙色即为终点，同时作空白实验。

4. **注意事项**

（1）$AgNO_3$ 试剂及其溶液具有腐蚀性，破坏皮肤组织，注意切勿接触皮肤及衣服。

（2）配制 $AgNO_3$ 标准溶液的水应无 Cl^-，用前应进行检查。

问题探究

Ⅰ. 实验完毕后，盛装 $AgNO_3$ 溶液的滴定管如何洗涤？

Ⅱ. 用 $AgNO_3$ 滴定 NaCl 时，在滴定过程中，为什么要充分摇动溶液？否则，会对标定结果有什么影响？

Ⅲ. K_2CrO_4 指示剂的浓度为什么要控制？浓度过大或过小对测定有什么影响？

Ⅵ. 莫尔法中，为什么溶液的 pH 值需控制在 6.5～10.5？

拓展任务五　NH_4SCN 标准滴定溶液的制备

【任务描述】

NH_4SCN 试剂一般含有杂质，如硫酸盐、氯化物等，纯度仅在 98% 以上，因此，NH_4SCN 标准溶液要用间接法制备。即先配成近似浓度的溶液，再用基准物质 $AgNO_3$ 标定或用 $AgNO_3$ 标准溶液"比较"。NH_4SCN 是佛尔哈德法常用的标准滴定溶液，可用于测定 Ag^+、Br^-、I^- 和 SCN^- 等。

【任务实施】

1. 原理

标定方式可以采用佛尔哈德法的直接滴定法或返滴定法。直接滴定法以铁铵矾为指示剂，用配好的 NH_4SCN 溶液滴定一定体积的 $AgNO_3$ 标准溶液，由 $[Fe(SCN)]^{2+}$ 配离子的红色指示终点。反应式为：

$$Ag^+ + SCN^- \!=\!=\!= AgSCN\downarrow（白色）$$
$$Fe^{3+} + SCN^- \!=\!=\!= [Fe(SCN)]^{2+}（红色）$$

指示剂浓度对滴定有影响，一般控制浓度 0.015mol/L 为宜；滴定时，溶液酸度应保持在 0.1～1mol/L。

2. 任务准备

（1）固体硫氰酸铵（或硫氰酸钾）。

（2）固体 $AgNO_3$ 基准物质　于 220～250℃干燥。

（3）HNO_3 溶液　1+3。

（4）铁铵矾指示液　400g/L。称取 40.0g 硫酸铁铵 $NH_4Fe(SO_4)_2 \cdot 12H_2O$，溶于水（加几滴硝酸），稀释至 100mL。

（5）$AgNO_3$ 标准滴定溶液　$c(AgNO_3)=0.1mol/L$。

3. 分析步骤

（1）$c(NH_4SCN)=0.1mol/L$ NH_4SCN 溶液的配制

称取固体硫氰酸铵 4.0g（或硫氰酸钾 5.0g），溶于 500mL 水中，摇匀待标定。

（2）标定

① 用基准试剂 $AgNO_3$ 标定　准确称取基准试剂 $AgNO_3$ 0.5g（称准至 0.0001g），放于锥形瓶中，加 100mL 蒸馏水溶解，加 1mL 铁铵矾指示液、10mL 硝酸溶液。在摇动下，用配好的硫氰酸铵标准滴定溶液滴定。终点前摇动溶液至完全清亮后，继续滴定至溶液呈浅红色保持 30s 不褪即为终点。记录读数，同时做空白实验。

② 用 $AgNO_3$ 标准滴定溶液标定　准确量取 $30.00\sim35.00mL$ $c(AgNO_3)=0.1mol/L$ 的 $AgNO_3$ 标准滴定溶液，置于锥形瓶中，加 70mL 水、1mL 铁铵矾指示液及 10mL HNO_3 溶液，在摇动下，用配制好的 NH_4SCN 标准滴定溶液滴定。终点前充分摇动至溶液完全清亮后，继续滴定至溶液呈浅红色保持 30s 不褪即为终点，记录读数，同时做空白实验。

问题探究

Ⅰ．佛尔哈德法的滴定酸度条件是什么？能否在碱性条件下进行？

Ⅱ．滴定时，为什么用 HNO_3 酸化？可否用 HCl 或 H_2SO_4？

Ⅲ．终点前，为什么要摇动锥形瓶至溶液完全清亮，再继续滴定？

Ⅳ．配制硫酸高铁铵指示液为什么要加酸？

能力考核　食盐中 NaCl 含量的测定

【考核目标】

（1）能正确地理解其实验原理和方法（反应式、测定方法、滴定方式、指示剂及终点现象）；

（2）能正确地设计实验步骤，学会正确地配制相关溶液；

（3）掌握容量分析的基本操作技术；

（4）熟练掌握数据处理与表格设计等内容。

（5）文明安全操作，仪器无损坏，守纪律，注意公共卫生。

实验原理、仪器和试剂、分析步骤、数据处理均由学生自行设计。

【任务提示】

食盐中氯化钠含量为 99% 以上，可采用莫尔法（直接滴定法）、佛尔哈德法（返滴定法），注意控制酸度条件及采取措施防止沉淀转化。

情境六

重量分析法测定物质含量

【情境导入】 重量分析法是经典的化学分析方法之一。重量分析法是根据试样减轻的质量或反应中生成的难溶化合物的质量来确定被测组分含量的分析方法。

在重量分析法中，一般是先把被测组分从试样中分离出来，转化为一定的称量形式，然后根据称得的质量求出该组分的含量。根据分离方法的不同，重量分析法可分为气化法（挥发法）、沉淀法、电解法等，常用气化法和沉淀法。本情境重点介绍沉淀重量法。沉淀重量分析法一般经过一系列操作步骤来完成测定。

$$试样 \xrightarrow{溶解} 试液 \xrightarrow{沉淀} 沉淀式 \xrightarrow{过滤、洗涤、烘干、灼烧} 称量式 \xrightarrow{质量恒定} 计算含量$$

本教学情境以一个任务为引领，进行理实一体化教学，学习完相关重量分析法理论知识后，学生要能够依据国标独立完成拓展任务及考核。

引领任务	拓展任务	能力考核
任务一　化学试剂 $BaCl_2 \cdot 2H_2O$ 中氯化钡含量的测定	拓展任务二　氯化钙中钙含量的测定	复混肥料中钾含量的测定

任务一　化学试剂 $BaCl_2 \cdot 2H_2O$ 中氯化钡含量的测定

【任务描述】

某化学试剂厂要对即将出厂的成品——化学试剂 $BaCl_2 \cdot 2H_2O$ 中氯化钡含量用重量分析法测定，请你采用以下两种方法进行测定，并出具检验报告单。重量分析基本操作的规范性是得到可靠分析结果的关键。

【任务实施】

方法一　$BaSO_4$ 重量法

1. 原理

称取一定量的 $BaCl_2 \cdot 2H_2O$，加水溶解，加稀 HCl 溶液酸化，加热至微沸，在不断搅动的条件下，慢慢地加入稀、热的 H_2SO_4，Ba^{2+} 与 SO_4^{2-} 反应，形成晶形沉淀。

$$Ba^{2+} + SO_4^{2-} \longrightarrow BaSO_4 \downarrow \xrightarrow[洗涤]{过滤} \xrightarrow[灼烧]{800℃} BaSO_4（称量形式）$$

获得的 $BaSO_4$ 晶形沉淀经陈化、过滤、洗涤、烘干、炭化、灰化、灼烧后，以 $BaSO_4$

形式称量，求出氯化钡含量。

2. 任务准备

(1) 马弗炉。

(2) 瓷坩埚　25mL。

(3) 玻璃漏斗。

(4) 定量滤纸　慢速或中速。

(5) H_2SO_4 溶液　1mol/L、0.1mol/L。

(6) HCl 溶液　2mol/L。

(7) HNO_3 溶液　2mol/L。

(8) $AgNO_3$ 溶液　0.1mol/L。

(9) $BaCl_2 \cdot 2H_2O$　分析纯。

3. 分析步骤

(1) 空坩埚的恒重

将两只洁净的瓷坩埚放在 (850±20)℃的马弗炉中灼烧至恒重。第一次灼烧40min，第二次后每次灼烧20min。灼烧也可在煤气灯上进行。

(2) 称样及沉淀的制备

准确称取两份 0.4～0.6g $BaCl_2 \cdot 2H_2O$ 试样，分别置于 400mL 烧杯中，加入 100mL 水、3mL 2mol/L HCl 溶液，搅拌溶解，加热近沸。

另取 4mL 1mol/L H_2SO_4 溶液两份于两个 100mL 烧杯中，加水 30mL，加热至近沸，趁热将两份 H_2SO_4 溶液分别用小滴管逐滴地加入到两份热的氯化钡溶液中，并用玻璃棒不断搅拌，直至两份 H_2SO_4 溶液加完为止。待 $BaSO_4$ 沉淀下沉后，于上层清液中加入 1～2 滴 0.1mol/L H_2SO_4 溶液，仔细观察沉淀是否完全。沉淀完全后，盖上表面皿（切勿将玻璃棒拿出杯外），放置过夜陈化。也可将沉淀放在水浴或砂浴上，保温 40min 陈化，其间要搅动几次。

(3) 沉淀的过滤和洗涤

用慢速或中速滤纸倾泻法过滤。用稀 H_2SO_4（用 1mol/L H_2SO_4 溶液加 100mL 水配成）洗涤 3～4 次，每次约 10mL。然后将沉淀定量转移到滤纸上，用沉淀帚由上到下擦拭烧杯内壁，并用折叠滤纸时撕下的小片滤纸擦拭杯壁，并将此小滤纸片放入漏斗中，再用稀 H_2SO_4 洗涤 4～6 次，直至洗涤液中不含 Cl^- 为止（检查方法：用试管收集 2mL 滤液，加 1 滴 2mol/L HNO_3 溶液酸化，加入 2 滴 $AgNO_3$ 溶液，若无白色浑浊产生，示 Cl^- 已洗净）。

(4) 沉淀的灼烧和恒重

将折叠好的沉淀滤纸包置于已恒重的瓷坩埚中，经烘干、炭化、灰化后，于 (850±20)℃的马弗炉中灼烧至恒重。

4. 注意事项

(1) 玻璃棒一旦放入 $BaCl_2$ 溶液中，就不能拿出。

(2) 稀硫酸和样品溶液都必须加热至沸，并趁热加入硫酸，最好在断电的热电炉上加入，加入硫酸的速度要慢并不断搅拌，否则形成的沉淀太细会穿透滤纸。

(3) 表面皿取下时要冲洗，陈化时要盖表面皿。

(4) 洗净的坩埚放取或移动都应依靠坩埚钳，不得用手直接拿。放置坩埚钳时，要将钳尖向上，以免沾污。

（5）Ba^{2+} 可生成一系列微溶化合物，如 $BaCO_3$、BaC_2O_4、$BaCrO_4$、$BaHPO_4$、$BaSO_4$ 等，其中以 $BaSO_4$ 溶解度最小，当过量沉淀剂存在时，溶解度大为减小，一般可以忽略不计。

（6）灼烧沉淀的温度应不超过 800℃，且不宜时间太长，以避免发生下列反应：

$$BaSO_4 \xrightarrow{\triangle} BaO + SO_3 \uparrow$$

问题探究

Ⅰ. 恒重的标志是什么？本实验涉及几个恒重？

Ⅱ. 如何检验沉淀 Ba^{2+} 完全？

Ⅲ. 什么叫倾泻法过滤？如何操作？

Ⅳ. 为什么把检验 Cl^- 作为洗涤干净的标志，如何检验？

Ⅴ. 为什么把稀 H_2SO_4 作为洗涤剂，而不用水？

Ⅵ. 如何包裹沉淀入坩埚？烘干、灼烧如何进行？

Ⅶ. 本实验中沉淀式、称量式是什么？对其有何要求？

Ⅷ. 为什么要在试样中加入 HCl 溶液，并煮沸？

Ⅸ. 为什么要在不断搅拌条件下逐滴加入沉淀剂稀 H_2SO_4？加入量控制为多少？

Ⅹ. 为什么要在热溶液中沉淀 $BaSO_4$，但要在冷却后过滤？

Ⅺ. 什么是陈化？晶形沉淀为何要陈化？

Ⅻ. 沉淀 $BaSO_4$ 炭化、灰化的目的是什么？

ⅩⅢ. 分析本实验的主要误差来源。

方法二　$BaCrO_4$ 重量法

1. 范围（GB/T 1617—2002）

本标准适用于工业氯化钡。该产品主要用于化学工业、电子工业和金属加工等。工业氯化钡为白色片状或粉状结晶。

2. 原理

用乙酸铵调节溶液的 pH 值，在乙酸-乙酸铵缓冲溶液中重铬酸钾与氯化钡均匀生成铬酸钡沉淀。根据铬酸钡沉淀的质量计算氯化钡的含量。

3. 任务准备

（1）重铬酸钾溶液　50g/L。

（2）盐酸溶液　1+11。

（3）乙酸铵溶液　75g/L。

（4）氨水溶液　1+27。

（5）硝酸银溶液　10g/L。

（6）玻璃砂坩埚　滤板孔径 5～15μm。

（7）电热干燥箱　能控制在 130～135℃下工作。

4. 分析步骤

称量约 7g 试样（精确到 0.0002g）；置于烧杯中，加水溶解，移入 500mL 容量瓶中，用水稀释至刻度，摇匀，干过滤，弃去 10mL 前滤液。用移液管移取 50mL 滤液，置于

400mL 烧杯中，加 5mL 盐酸溶液，加 100mL 水和 15mL 重铬酸钾溶液，加热煮沸试液，在微沸状态下一边搅拌一边缓慢滴加 10mL 乙酸铵溶液（3~4min 内滴完），保温 5min，继续在微沸状态下一边搅拌一边滴加 15mL 氨水（2~3min 内滴完）。在约 80℃ 的水浴中静置 30min 后，取出，迅速冷却至室温，用已于 130~135℃ 下烘至恒重的玻璃砂坩埚抽滤，用含少量氨水的蒸馏水（pH 为 7~8）洗涤沉淀至无氯离子反应（用硝酸银溶液检验），将玻璃砂坩埚和沉淀于 130~135℃ 下烘至恒重。

允许差：取平行测定结果的算术平均值为测定结果，平行测定结果的绝对差值不大于 0.2%。

任务考核评价

硫酸钡重量分析法测定氯化钡含量

得分合计：_____

项目	考核内容		分值	扣分	得分
（一） 试样 及坩 埚的 称量 （6分）	天平零点和水平检查、托盘清扫		1		
	干燥器盖子放置		1		
	持瓶方法		1		
	试剂或样品洒落		1/次		
	重称（每次扣1分）		—		
	称样量范围		1		
	称量结束工作		1		
（二） 重量 分析 操作 （26分）	试样的溶解		2		
	生成沉淀操作		4		
	试液的处理		4		
	沉淀的过滤		4		
	沉淀的洗涤		4		
	坩埚的恒重		6		
	沉淀的灼烧及恒重		2		
	原始数据未及时记录或更改（扣4分）		—		
（三）文明 考试 （8分）	穿实验服，文明操作		2		
	实验结束清洗仪器、试剂物品归位		4		
	仪器损坏		2		
（四）数 据报 告单 （60分）	原始记录		5		
	有效数字运算		5		
	计算方法及结果		10		
	结果精密度	极差的相对值≤0.2%	20		
		极差的相对值>0.2%	0		
	结果准确度	相对误差≤0.2%	20		
		相对误差>0.2%	0		

注：以下任务的考核评价参考此标准。

知识点一   沉淀重量法对沉淀形式和称量形式的要求

$$试样溶液+沉淀剂 \longrightarrow 沉淀形式 \downarrow \xrightarrow[洗涤]{过滤} \xrightarrow[灼烧]{烘干} 称量形式$$

沉淀重量法进行分析时，得到的"沉淀形"和"称量形"可能相同，也可能不同，例如：

待测　沉淀剂　　沉淀形　　　称量形

$SO_4^{2-}+BaCl_2 \longrightarrow BaSO_4 \downarrow \qquad BaSO_4$

（过滤、洗涤、800℃灼烧）

$Mg^{2+}+(NH_4)_2HPO_4 \longrightarrow MgNH_4PO_4 \cdot 6H_2O \longrightarrow Mg_2P_2O_7$

（1100℃）

$Cl^-+AgNO_3 \longrightarrow AgCl \downarrow \longrightarrow AgCl$

（110℃，烘干）

在重量分析法中，为获得准确的分析结果，沉淀形和称量形必须满足以下要求。

对沉淀形的要求

① 沉淀要完全，沉淀的溶解度要小，要求测定过程中沉淀的溶解损失不应超过分析天平的称量误差。一般要求溶解损失应小于 0.1mg。

② 沉淀必须纯净，并易于过滤和洗涤。沉淀纯净是获得准确分析结果的重要因素之一。

③ 应易于转化为称量形，沉淀经烘干、灼烧时，应易于转化为称量形式。

对称量形的要求

① 称量形的组成必须与化学式相符，这是定量计算的基本依据。

② 称量形要有足够的稳定性，不易吸收空气中的 O_2、CO_2、H_2O。

③ 称量形的摩尔质量尽可能大。

$Al^{3+} \longrightarrow Al(OH)_3 \downarrow \longrightarrow Al_2O_3 \, 2\dfrac{Al}{Al_2O_3}=2\dfrac{26.96}{101.96}=0.5(mg)$

$Al(C_9H_6NO)_3 \downarrow \dfrac{Al}{Al(C_9H_6NO)_3} \downarrow = \dfrac{26.96}{459.4}=0.06(mg)$

知识点二   重量分析结果的计算

一、重量分析中的换算因数

重量分析是根据称量形式的质量来计算待测组分的含量。待测组分的摩尔质量与称量形的摩尔质量之比（常数），称为换算因数或化学因数，用 F 表示。待测组分 B 的质量分数按下式计算：

$$w_B=\frac{m_{称}F}{m_s}\times100\% \qquad \left(F=\frac{M_B}{M_{称}}\right)$$

式中，w_B 为待测组分 B 的质量分数，%；$m_{称}$ 为待测组分 B 称量形的质量，g；m_s 为待测试样的质量，g；F 为换算因数。

换算因数 F 中的基本单元，以含有或相当于一个待测主体元素的原子为依据。表 6-1 列出几种常见物质的换算因数。

表 6-1 几种常见物质的换算因数

被测组分	沉淀形	称量形	换算因数
Fe	$Fe_2O_3 \cdot nH_2O$	Fe_2O_3	$2M(Fe)/M(Fe_2O_3)=0.6994$
Fe_3O_4	$Fe_2O_3 \cdot nH_2O$	Fe_2O_3	$2M(Fe_3O_4)/3M(Fe_2O_3)=0.9664$
P	$MgNH_4PO_4 \cdot 6H_2O$	$Mg_2P_2O_7$	$2M(P)/M(Mg_2P_2O_7)=0.2783$
MgO	$MgNH_4PO_4 \cdot 6H_2O$	$Mg_2P_2O_7$	$2M(MgO)/M(Mg_2P_2O_7)=0.3621$
S	$BaSO_4$	$BaSO_4$	$M(S)/M(BaSO_4)=0.1374$

二、结果计算示例

【例 6-1】 测定磁铁矿中铁的含量时，称取试样 0.1666g，经溶解、氧化，使 Fe^{3+} 沉淀为 $Fe(OH)_3$，灼烧后得 Fe_2O_3 质量为 0.1370g，计算试样中： (1) Fe 的质量分数；(2) Fe_3O_4 的质量分数。

解 (1)
$$w_{Fe} = \frac{m_{Fe}}{m_s} \times 100 = \frac{m_{Fe_2O_3}\dfrac{2M(Fe)}{M(Fe_2O_3)}}{m_s} \times 100\%$$

$$w_{Fe} = \frac{0.1370 \times 2 \times 55.85/159.7}{0.1666} \times 100\% = 57.52\%$$

答：该磁铁矿试样中 Fe 的质量分数为 57.52%。

(2)
$$w_{Fe_3O_4} = \frac{m_{Fe_3O_4}}{m_s} \times 100 = \frac{m_{Fe_2O_3}\dfrac{2M(Fe_3O_4)}{3M(Fe_2O_3)}}{m_s} \times 100\%$$

$$w_{Fe_3O_4} = \frac{0.1370 \times 2 \times 231.5/(3 \times 159.7)}{0.1666} \times 100\% = 79.47\%$$

答：该磁铁矿试样中 Fe_3O_4 的质量分数为 79.48%。

知识点三 沉淀条件的选择

一、沉淀的类型

沉淀按其物理性质的不同，可粗略地分为晶形沉淀、无定形沉淀、凝乳状沉淀。如表 6-2 所示。

表 6-2 沉淀的类型

晶形沉淀	无定形沉淀	凝乳状沉淀
颗粒直径 $d > 0.1\mu m$ 如 $BaSO_4$、$MgNH_4PO_4$，颗粒大、结构紧密、体积小、杂质少、易过滤洗涤	颗粒直径 $d < 0.02\mu m$ 如 $Fe(OH)_3$、$Al(OH)_3$、大多数硫化物，含水多、疏松、体积大、杂质多、难过滤洗涤	颗粒直径 d 在 $0.02 \sim 0.1\mu m$ 如 AgCl 沉淀,其性质也介于晶形沉淀和无定形沉淀之间

在沉淀过程中，究竟生成的沉淀属于哪一种类型，主要取决于沉淀本身的性质和沉淀的条件。

二、沉淀的形成过程

沉淀的形成是一个复杂的过程，一般来讲，沉淀的形成要经过晶核形成和晶核长大两个过程，简单表示如图 6-1 所示。

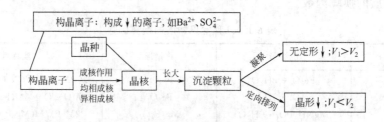

图 6-1　沉淀的形成过程

V_1：晶核形成速度；V_2：成长速度

1. 晶核的形成

将沉淀剂加入待测组分的试液中，溶液是过饱和状态时，构晶离子由于静电作用而形成微小的晶核。晶核的形成可以分为均相成核和异相成核。

均相成核是指过饱和溶液中构晶离子通过缔合作用，自发地形成晶核的过程。例如，$BaSO_4$ 的晶核由 8 个构晶离子组成。

异相成核是指在过饱和溶液中，构晶离子在外来固体微粒的诱导下，聚合在固体微粒周围形成晶核的过程。溶液中的"晶核"数目取决于溶液中混入固体微粒的数目。

2. 晶形沉淀和无定形沉淀的生成

溶液中有了晶核后，过饱和溶液中的溶质就可在晶核上沉积出来，晶核逐渐长成沉淀颗粒。有的过饱和溶液就是析不出沉淀颗粒，原因是无晶核或晶种。

前已述及，由构晶离子组成的晶核叫均相成核；不纯微粒也可起晶种的作用叫异相成核。显然，我们能做的就是尽量减少晶核的数目，除了将容器洗干净，让杂质微粒降到最小（异相成核无法避免，只能减少），我们能否让均相成核减少，以致让其趋近于零呢？

冯·韦曼（Von Weimarn）提出了一个经验公式：对同一种沉淀而言，晶核形成速度 V_1 与溶液中的相对过饱和度成正比。如图 6-2 所法。

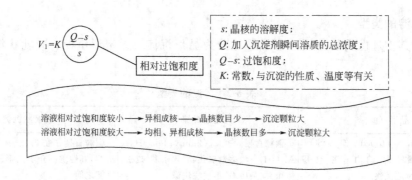

图 6-2　冯·韦曼的经验公式

三、沉淀的条件

在重量分析中，为了获得准确的分析结果，要求沉淀完全、纯净、易于过滤和洗涤，并减小沉淀的溶解损失。因此，对于不同类型的沉淀，应当选用不同的沉淀条件。

1. 晶形沉淀

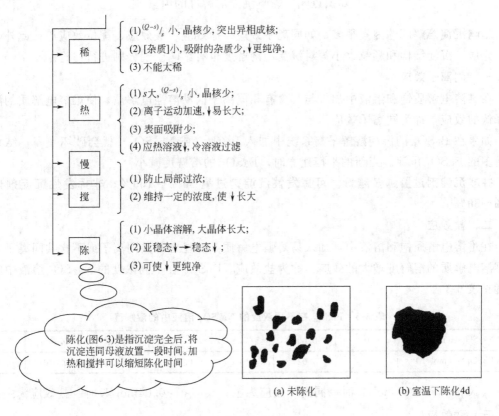

稀
- (1) $\frac{(Q-s)}{s}$ 小，晶核少，突出异相成核；
- (2) [杂质]小，吸附的杂质少，↓更纯净；
- (3) 不能太稀

热
- (1) s 大，$\frac{(Q-s)}{s}$ 小，晶核少；
- (2) 离子运动加速，↓易长大；
- (3) 表面吸附少；
- (4) 应热溶液↓，冷溶液过滤

慢 **搅**
- (1) 防止局部过浓；
- (2) 维持一定的浓度，使↓长大

陈
- (1) 小晶体溶解，大晶体长大；
- (2) 亚稳态↓→稳态↓；
- (3) 可使↓更纯净

陈化(图6-3)是指沉淀完全后，将沉淀连同母液放置一段时间。加热和搅拌可以缩短陈化时间

(a) 未陈化　　　　(b) 室温下陈化4d

图 6-3　陈化过程及效果

2. 无定形沉淀

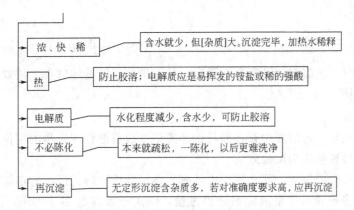

- **浓、快、稀** —— 含水就少，但[杂质]大。沉淀完毕，加热水稀释
- **热** —— 防止胶溶；电解质应是易挥发的铵盐或稀的强酸
- **电解质** —— 水化程度减少，含水少，可防止胶溶
- **不必陈化** —— 本来就疏松，一陈化，以后更难洗净
- **再沉淀** —— 无定形沉淀含杂质多，若对准确度要求高，应再沉淀

　　洗涤无定形沉淀时，一般选用热、稀的电解质溶液作洗涤液，主要是防止沉淀重新变为胶体难以过滤和洗涤，常用的洗涤液有 NH_4NO_3、NH_4Cl 或氨水。

3. 均匀沉淀法

　　为改善沉淀条件，避免因加入沉淀剂所引起的溶液局部相对过饱和的现象发生，采用均匀沉淀法。这种方法是通过某一化学反应，使沉淀剂从溶液中缓慢地、均匀地产生出来，使沉淀在整个溶液中缓慢地、均匀地析出，获得颗粒较大、结构紧密、纯净、易于过滤和洗涤的沉淀。

知识点四 影响沉淀溶解度的因素

影响沉淀溶解度的因素很多，如同离子效应、盐效应、酸效应、配位效应等。此外，温度、介质、沉淀结构和颗粒大小等对沉淀的溶解度也有影响。现分别进行讨论。

一、同离子效应

在难溶电解质饱和溶液中加入与其含有相同离子的易溶强电解质，使难溶电解质的溶解度降低的效应，称为同离子效应。

如果在 $BaSO_4$ 的沉淀溶解平衡系统中加入 $BaCl_2$（或 Na_2SO_4）就会破坏平衡，结果生成更多的 $BaSO_4$ 沉淀。当新的平衡建立时，$BaSO_4$ 的溶解度减小。

并非沉淀剂过量越多越好。可挥发性沉淀剂过量 50%～100%；非挥发性沉淀剂过量 20%～30%。

二、盐效应

在难溶电解质饱和溶液中，加入易溶强电解质（可能含有共同离子或不含共同离子）而使难溶电解质的溶解度增大的效应，称为盐效应。$PbSO_4$ 在不同浓度的 Na_2SO_4 溶液中的溶解度见表 6-3。

表 6-3 $PbSO_4$ 在不同浓度的 Na_2SO_4 溶液中的溶解度

$c(Na_2SO_4)/(mol/L)$	0	0.001	0.01	0.02	0.04	0.100	0.200
$s(PbSO_4)/(mol/L)$	0.15	0.024	0.016	0.014	0.013	0.016	0.023

$c_{Na_2SO_4}=0\sim0.04mol/L$ 时⇒同离子效应为主；$c_{Na_2SO_4}>0.04mol/L$ 时⇒盐效应为主。

三、酸效应

溶液酸度对沉淀溶解度的影响，称为酸效应。如 CaC_2O_4 沉淀在溶液中有下列平衡：

$$CaC_2O_4 \rightleftharpoons Ca^{2+} + C_2O_4^{2-}$$

$$-H^+ \Updownarrow +H^+$$

$$HC_2O_4^- \overset{+H^+}{\underset{-H^+}{\rightleftharpoons}} H_2C_2O_4$$

当酸度较高时，沉淀溶解平衡向右移动，从而增加了沉淀溶解度。酸效应对于不同类型沉淀的影响不一样。

四、配位效应

进行沉淀反应时，若溶液中存在能与构晶离子生成可溶性配合物的配位剂，则可使沉淀溶解度增大，这种现象称为配位效应。

沉淀剂本身就是配位剂，那么反应中既有同离子效应，降低沉淀的溶解度，又有配位效应，增大沉淀的溶解度。如果沉淀剂适当过量，同离子效应起主导作用，沉淀的溶解度降低；如果沉淀剂过量太多，则配位效应起主导作用，沉淀的溶解度反而增大。表 6-4 AgCl 沉淀在不同浓度的 NaCl 溶液中的溶解度证明了这一点。

表 6-4 AgCl 沉淀在不同浓度的 NaCl 溶液中的溶解度

过量 NaCl 浓度 $c/(mol/L)$	AgCl 溶解度 $s/(mol/L)$	过量 NaCl 浓度 $c/(mol/L)$	AgCl 溶解度 $s/(mol/L)$
0	1.3×10^{-5}	8.8×10^{-2}	3.6×10^{-6}
3.9×10^{-3}	7.2×10^{-7}	3.5×10^{-1}	1.7×10^{-5}
9.2×10^{-3}	9.1×10^{-7}	5.0×10^{-1}	2.8×10^{-5}

综上所述，在实际工作中应根据具体情况来考虑哪种效应是主要的。

五、其他影响因素

除上述因素外，温度和溶剂、沉淀颗粒大小和结构等，都对沉淀的溶解度有影响。

1. 温度的影响

溶解反应一般是吸热反应，因此，沉淀的溶解度一般是随着温度的升高而增大。若沉淀的溶解度很小[如 $Fe(OH)_3$、$Al(OH)_3$]，或者受温度的影响很小，在热溶液中过滤，可加快速度。

2. 溶剂的影响

多数无机化合物沉淀为离子晶体，它们在有机溶剂中的溶解度要比在水中小，在沉淀重量法中，可采用向水中加入乙醇、丙酮等有机溶剂的办法来降低沉淀的溶解度。

3. 沉淀颗粒大小的影响

沉淀的溶解度和颗粒大小的关系：小颗粒的溶解度大于大颗粒的溶解度。因此，在进行沉淀时，总是希望得到较大的沉淀颗粒，这样不仅沉淀的溶解度小，而且也便于过滤和洗涤。所以，在实际分析中，要尽量创造条件以利于形成大颗粒晶体。

知识点五　影响沉淀纯度的主要因素

在重量分析中，要求获得的沉淀是纯净的。但是，沉淀从溶液中析出时，总会或多或少地夹杂溶液中的其他组分。影响沉淀纯度的主要因素有共沉淀现象和后沉淀现象。

一、共沉淀

在一定操作条件下，某些物质本身并不能单独析出沉淀。当溶液中一种物质沉淀时，它便随同生成的沉淀一起析出，这种现象叫共沉淀。共沉淀可由表面吸附、吸留和包藏及生成混晶引起。

1. 表面吸附

由于沉淀表面离子电荷的作用力未达到平衡，因而产生自由静电力场。由于沉淀表面静电引力作用吸引了溶液中带相反电荷的离子，使沉淀微粒带有电荷，形成吸附层。带电荷的微粒又吸引溶液中带相反电荷的离子，构成电中性的分子。因此，沉淀表面吸附了杂质分子。例如，加过量的 H_2SO_4 到 $BaCl_2$ 的溶液中，生成 $BaSO_4$ 晶体沉淀，其表面吸附。如图6-4 所示。双电层能随颗粒一起下沉，因而使沉淀被污染。

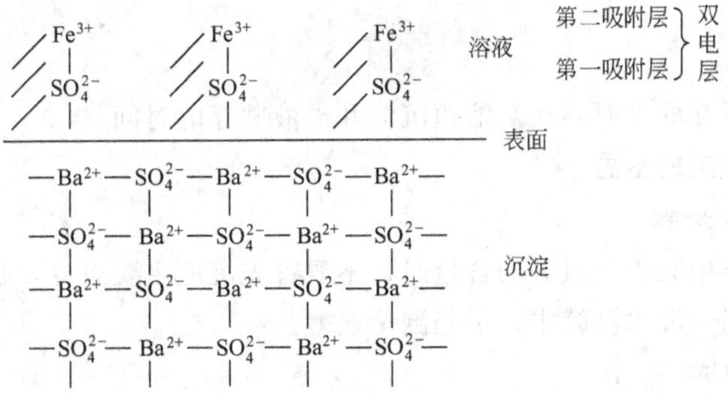

图 6-4　$BaSO_4$ 晶体表面吸附示意图

吸附规律：

A. 第一吸附层 {
　　a. ↓先吸附构晶离子
　　b. 再吸附与构晶离子大小相近、电荷相同的离子
}

B. 第二吸附层 {
　　a. 与构晶离子生成难溶化合物或解离度较小的化合物的离子优先
　　b. 其次是电荷高的
　　c. 再次是浓度大的
}

沉淀的总表面积越大，吸附杂质就越多；溶液中杂质离子的浓度越高、价态越高，越易被吸附。由于吸附作用是一个放热反应，所以升高溶液的温度，可减少杂质的吸附。

表面吸附发生在沉淀的表面，减少吸附杂质的有效办法是洗涤沉淀。

2. 吸留和包藏

吸留是被吸附的杂质机械地嵌入沉淀中。包藏常指母液机械地包藏在沉淀中。在沉淀过程中，如果沉淀生长太快，表面吸附的杂质还来不及离开沉淀表面就被随后沉积上来的离子所覆盖，使杂质或母液被包藏在沉淀内部。这种因为吸附而留在沉淀内部的共沉淀现象称作包藏。包藏的本质是吸附，包藏对杂质的选择遵循吸附规则。

减少包藏引起的共沉淀的有效方法是沉淀陈化或重结晶。

3. 混晶

如果溶液中杂质离子与沉淀构晶离子的半径相近，所形成的晶体结构相似，常常会生成混晶共沉淀，即沉淀结晶点位上的离子被杂质离子取代。一般情况二者常不予区分而统称为混晶。例如 $BaSO_4$-$PbSO_4$，$AgCl$-$AgBr$ 等。

减少或消除混晶生成的最好办法，是将这些杂质事先分离除去。

二、后沉淀

后沉淀是指一种本来难以析出沉淀的物质，或是形成稳定的过饱和溶液而不能单独沉淀的物质，在另一种组分沉淀之后被"诱导"而随后也沉淀下来的现象，而且它们沉淀的量随放置的时间延长而加多。

例如，控制 $[S^{2-}]$，可使 $CuS\downarrow$，而 ZnS 不 $\downarrow$。但放置后 CuS 吸附 S^{2-}，使 $[S^{2-}]$ 局部过浓，而使 $ZnS\downarrow$。

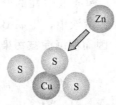

避免或减少后沉淀的主要办法是缩短沉淀和母液共存的时间。

三、提高沉淀纯度的措施

1. 选择适当的分析步骤

例如，测定试样中某少量组分的含量时，不要首先沉淀主要组分，否则由于大量沉淀的析出，使部分少量组分混入沉淀中，引起测量误差。

2. 选择合适的沉淀剂

无机沉淀剂选择性差，易形成胶状沉淀，吸附杂质多，难于过滤和洗涤。有机沉淀剂选择性高，常能形成结构较好的晶形沉淀，吸附杂质少，易于过滤和洗涤。选用有机沉淀剂，常可以减少共沉淀。

3. 选择适当的洗涤液洗涤沉淀

吸附作用是可逆过程，用适当的洗涤液通过洗涤交换的方法，可洗去沉淀表面吸附的杂质离子。为了提高洗涤沉淀的效率，同体积的洗涤液应尽可能分多次洗涤，通常称为"少量多次"的洗涤原则。

4. 改变杂质的存在形式

例如，沉淀 $BaSO_4$ 时，将 Fe^{3+} 还原为 Fe^{2+}，或者用 EDTA 配位 Fe^{3+}，Fe^{3+} 的共沉淀量就大为减少。

5. 改善沉淀条件

沉淀条件包括溶液浓度，温度，试剂的加入次序和速度，陈化与否等。

知识要点

I. 沉淀重量法对沉淀形式和称量形式的要求

对沉淀形的要求	对称量形的要求
① 沉淀要完全,沉淀的溶解度要小;	① 称量形的组成必须与化学式相符
② 沉淀必须纯净,并易于过滤和洗涤。	② 称量形要有足够的稳定性
③ 沉淀形应易于转化为称量形	③ 称量形的摩尔质量尽可能大

II. 重量分析中的计算

$$w_B = \frac{m_B}{m_s} \times 100\% \qquad m_B = F \times m_称 \left(F = \frac{M_B}{M_称}\right) \qquad w_B = \frac{m_称 F}{m_s} \times 100\%$$

求换算因数 F：一定要注意使分子和分母所含被测组分的原子或分子数目相等。

III. 沉淀条件的选择

沉淀形成过程包括晶核形成和晶核长大。晶核形成分为均相成核和异相成核。

晶形沉淀的沉淀条件：稀、热、慢、搅、陈；

无定形沉淀的沉淀条件：浓、热、快、稀、电、再。

IV. 影响沉淀溶解度的因素

同离子效应、盐效应、酸效应、配位效应等。

V. 影响沉淀纯度的主要因素

（1）主要因素有共沉淀、后沉淀。共沉淀可由表面吸附、吸留和包藏及混晶引起。

（2）提高沉淀纯度的措施。

拓展任务二　氯化钙中钙含量的测定

【任务描述】

无水氯化钙为白色立方结晶或粉末，有强吸湿性，用于各种物质的干燥剂，还可作为化学试剂、医药原料、食品添加剂及制造金属钙的原料。

现有新购进的一瓶化学试剂氯化钙，标签上标识主成分 $CaCl_2$ 含量为 $\geqslant 96.0$，请你用重量分析法进行测定，看结果是否一致，并出具检验报告单。

⚙ **【任务实施】**

1. 原理

在弱酸性溶液中，Ca^{2+} 与 $C_2O_4^{2-}$ 形成 CaC_2O_4 沉淀，过滤、洗涤后，用 H_2SO_4 溶解，生成的 $C_2O_4^{2-}$ 用 $KMnO_4$ 标准滴定溶液滴定，以 $KMnO_4$ 自身为指示剂。从而间接测得钙的含量。

$$Ca^{2+} + C_2O_4^{2-} == CaC_2O_4 \downarrow$$
$$CaC_2O_4 + 2H^+ == Ca^{2+} + H_2C_2O_4$$
$$2MnO_4^- + 5C_2O_4^{2-} + 16H^+ == 2Mn^{2+} + 10CO_2 \uparrow + 8H_2O$$

2. 任务准备

(1) HCl 溶液 $c(HCl) = 6mol/L$。

(2) $(NH_4)_2C_2O_4$ 溶液 0.25mol/L。

(3) 甲基红指示剂 0.1%。

(4) 氨水溶液 $NH_3 \cdot H_2O$ 5%。

(5) $CaCl_2$ 溶液 0.1mol/L。

(6) H_2SO_4 溶液 10%。

(7) $KMnO_4$ 标准滴定溶液 $c(\frac{1}{5}KMnO_4) = 0.1mol/L$。

(8) 氯化钙试样。

3. 分析步骤

(1) 试样溶解和沉淀

准确称取氯化钙样品 0.2～0.3g 两份，分别放入 250mL 烧杯中，加入 20mL 蒸馏水，小心加入 10mL 6mol/L HCl 溶液使钙盐全部溶解。再加入 35mL 0.25mol/L $(NH_4)_2C_2O_4$ 溶液，用蒸馏水稀释至 100mL，加入 3～4 滴甲基红指示剂，加热至 75～80℃，然后在不断搅拌下，逐滴加入 5% $NH_3 \cdot H_2O$ 至溶液由红色恰好变为橙色为止（pH＝4.5～5.5）。逐渐生成 CaC_2O_4 沉淀。继续在水浴上加热陈化 30min。

(2) 沉淀的过滤和洗涤

沉淀的过滤和洗涤都用倾注法。陈化后的沉淀在定性滤纸上过滤。每次过滤将沉淀保留在原烧杯中尽量少地转移到滤纸上，过滤后，用蒸馏水洗涤烧杯中沉淀几次，倾注过滤，洗涤至滤液无 $C_2O_4^{2-}$ 为止（用 $CaCl_2$ 检验）。

(3) 沉淀的溶解和滴定

过滤和洗涤后，将带有沉淀的滤纸转移至原沉淀烧杯中，用 50mL 10% H_2SO_4 溶解沉淀，搅拌使滤纸上的沉淀溶解，然后把溶液稀释至 100mL，加热至 70～85℃，趁热用 $KMnO_4$ 标准滴定溶液滴定至粉红色在 30s 内不褪即为终点，记录消耗 $KMnO_4$ 标准滴定溶液的体积。

4. 结果计算

$$\omega(Ca) = \frac{c\left(\frac{1}{5}KMnO_4\right)V(KMnO_4) \times 10^{-3} \times M\left(\frac{1}{2}Ca\right)}{m} \times 100\%$$

式中 $\omega(Ca)$ ——氯化钙试样中 Ca 的质量分数；

$c\left(\dfrac{1}{5}KMnO_4\right)$——$KMnO_4$ 标准滴定溶液的浓度，mol/L；

$V(KMnO_4)$——滴定消耗 $KMnO_4$ 标准滴定溶液的体积，mL；

$M\left(\dfrac{1}{2}Ca\right)$——以 $\dfrac{1}{2}Ca$ 为基本单元的 Ca 的摩尔质量，g/mol；

m——氯化钙试样的质量，g。

5. 注意事项

(1) 洗涤沉淀时为了获得纯净的 CaC_2O_4 沉淀，必须严格控制酸度条件（pH＝4.5～5.5），pH 过低有可能沉淀不完全，pH 过高可能造成 $Ca(OH)_2$ 沉淀和碱式 CaC_2O_4 沉淀。

(2) 由于 CaC_2O_4 沉淀溶解度较大，用蒸馏水洗涤要少量多次，每次洗涤应将溶液全部转移至滤纸中过滤。

问题探究

Ⅰ. 如果沉淀洗涤不干净，对沉淀结果有何影响？

Ⅱ. 影响沉淀溶解度的因素有哪些？

Ⅲ. 为何将溶液酸度控制在 pH＝4.5～5.5？

Ⅳ. 溶解样品时用 HCl，而滴定时用 H_2SO_4 溶解并控制酸度，这是为什么？

Ⅴ. 沉淀洗涤干净的标志是什么？如何检验？

Ⅵ. 要想获得纯净且颗粒大的 CaC_2O_4 沉淀，本实验控制了哪些条件？

能力考核　复混肥料中钾含量的测定

1. 原理（GB/T 8574—2010）

弱碱性介质中，以四苯硼酸钠溶液为沉淀剂沉淀试样溶液中的钾离子，生成白色的四苯硼酸钾沉淀，将沉淀过滤、洗涤、干燥、称重，根据沉淀质量计算化肥中钾含量。反应式为：

$$K^+ + Na[B(C_6H_5)_4] \longrightarrow K[B(C_6H_5)_4]\downarrow + Na^+$$

2. 任务准备

(1) 四苯硼酸钠沉淀剂　15g/L。

(2) 乙二胺四乙酸二钠盐（EDTA）溶液　40g/L。

(3) 氢氧化钠溶液　400g/L。

(4) 溴水溶液　约 5%。

(5) 四苯硼酸钠洗涤液　1.5g/L。

(6) 酚酞　5g/L 乙醇溶液。

(7) 活性炭　应不吸附或不释放钾离子。

3. 分析步骤

(1) 试样溶液的制备

称取试样（按 GB/T 8571 规定所制备的样品）约 2～5g（含氧化钾约 400mg），精确至 0.0002g，置于 250mL 锥形瓶中，加水约 150mL，加热煮沸 30min，冷却，定量转移到

250mL 容量瓶中，用水稀释至刻度，混匀，干过滤，弃去最初滤液 50mL。

（2）试液处理

① 试样中不含有氰氨基化物或有机物　吸取上述滤液 25.00mL 于 250mL 烧杯中，加 EDTA 溶液 20mL（含阳离子较多时可加 40mL），加 2～3 滴酚酞指示剂，滴加氢氧化钠溶液至刚出现红色时，再过量 1mL，盖上表面皿，在良好的通风橱内缓慢加热煮沸 15min，然后冷却，若红色消失，再用氢氧化钠调至红色。

② 试样中含有氰氨基化物或有机物　吸取上述滤液 25.00mL 于 250mL 烧杯中，加入 5％的溴水溶液 5mL，将该溶液煮沸脱色至无溴颜色为止，若含其他颜色，将溶液体积蒸发至小于 100mL，冷却后加 0.5g 活性炭充分搅拌使之吸附，然后过滤、洗涤，洗涤时每次用水约 5mL，次数为 3～5 次，并收集全部滤液。加 EDTA 溶液 20mL（含阳离子较多时可加 40mL），以下步骤同①操作。

（3）沉淀及过滤　在不断搅拌下，于试样溶液（①或②）中逐滴加入四苯硼酸钠沉淀剂，加入量为每含 1mg 氧化钾加沉淀剂 0.5mL，并过量约 7mL，继续搅拌 1min，静置 15min 以上，用倾滤法将沉淀过滤于预先在 120℃下恒重的 4 号玻璃坩埚式滤器内，用四苯硼酸钠洗涤液洗涤沉淀 5～7 次，每次用量约 5mL，最后用水洗涤 2 次，每次用量约 5mL。

（4）干燥

将盛有沉淀的坩埚置于 120℃±5℃干燥箱中干燥 1.5h，然后置于干燥器内冷却，称重。

（5）平行测定两次，同时做空白试验。

4. 分析结果的表述

（1）分析结果的计算

钾含量 w，以氧化钾质量分数（％）表示，按下式计算：

$$w(K_2O) = \frac{(m_2 - m_1) \times 0.1314}{m_0 \times \frac{25}{250}} \times 100 = \frac{(m_2 - m_1) \times 131.4}{m_0}$$

式中　m_2——四苯硼酸钾沉淀的质量，g；

m_1——空白试验所得四苯硼酸钾沉淀的质量，g；

m_0——试样的质量，g；

0.1314——四苯硼酸钾质量换算为氧化钾质量的系数。

计算结果表示到小数点后两位，取平行测定结果的算术平均值作为测定结果。

（2）允许差

允许差：平行测定和不同实验室测定结果的允许差应符合表 6-5 要求。

表 6-5　钾含量测定允许差

钾的质量分数(以 K₂O 计)/%	平行测定允许差值/%	不同实验室测定允许差值/%
<10.0	0.20	0.40
10.0～20.0	0.30	0.60
>20.0	0.40	0.80

5. 注意事项

（1）试样的采取至关重要，是保证测定结果准确性的前提，采取的试样要均匀且适量。

（2）配制好的四苯硼酸钠溶液还应贮存在棕色瓶或塑料瓶中，期限不超过 1 个月，如发现浑浊或试验中四苯硼酸钾沉淀为棕色，应重新过滤。

（3）试液在通风橱内加热时应保持微沸，并控制在 15min，要防止温度过高、时间过长而导致试液浓缩，钠离子浓度增加，由此产生正偏差。沉淀的静置时间要大于 15min，以利于四苯硼酸钾晶体的形成。

（4）用沉淀剂沉淀时，应缓慢加入并剧烈搅拌，防止四苯硼酸钾形成过饱和溶液而不能及时析出沉淀。

（5）严格控制沉淀干燥温度。若高于 130℃沉淀会逐渐分解，使测定结果偏低。

问题探究

　　Ⅰ. 如何进行干过滤？

　　Ⅱ. 在试样溶液中加入适量乙二胺四乙酸二钠盐（EDTA）作用是什么？

　　Ⅲ. 试液处理时加入氢氧化钠溶液的作用是什么？若加入过多，有何影响？

　　Ⅳ. 为何要用 1.5g/L 的四苯硼酸钠作为洗涤液？

　　Ⅴ. 玻璃砂芯坩埚在使用前如何处理？

　　Ⅵ. 分析本实验的主要误差来源。

附　录

附录一　化合物摩尔质量

AgBr	187.772	C_6H_5COONa	144.11	HBr	80.912
AgCl	143.321	$C_6H_4COOHCOOK$	204.22	HCN	27.026
AgCN	133.886	CH_3COONH_4	77.08	HCOOH	46.03
AgSCN	165.952	CH_3COONa	82.03	H_2CO_3	62.0251
Ag_2CrO_4	331.730	C_6H_5OH	94.11	$H_2C_2O_4$	90.04
AgI	234.772	$(C_9H_7N)_3H_3PO_4\cdot$	2212.74	$H_2C_2O_4\cdot2H_2O$	126.0665
$AgNO_3$	169.873	$12MoO_3$(磷钼酸喹啉)		$H_2C_4H_4O_6$(酒石酸)	150.09
$AlCl_3$	133.340	$COOHCH_2COOH$	104.06	HCl	36.461
Al_2O_3	101.961	$COOHCH_2COONa$	126.04	$HClO_4$	100.459
$Al(OH)_3$	78.004	CCl_4	153.82	HF	20.006
$Al_2(SO_4)_3$	342.154	$CoCl_2$	129.838	HI	127.912
As_2O_3	197.841	$Co(NO_3)_2$	182.942	HIO_3	175.910
As_2O_5	229.840	CoS	91.00	HNO_3	63.013
As_2S_3	246.041	$CoSO_4$	154.997	HNO_2	47.014
$BaCO_3$	197.336	$CO(NH_2)_2$	60.06	H_2O	18.015
BaC_2O_4	225.347	$CrCl_3$	158.354	H_2O_2	34.015
$BaCl_2$	208.232	$Cr(NO_3)_3$	238.011	H_3PO_4	97.995
$BaCrO_4$	253.321	Cr_2O_3	151.990	H_2S	34.082
BaO	153.326	CuCl	98.999	H_2SO_3	82.080
$Ba(OH)_2$	171.342	$CuCl_2$	134.451	H_2SO_4	98.080
$BaSO_4$	233.391	CuSCN	121.630	$Hg(CN)_2$	252.63
$BiCl_3$	315.338	CuI	190.450	$HgCl_2$	271.50
BiOCl	260.432	$Cu(NO_3)_2$	187.555	Hg_2Cl_2	472.09
CO_2	44.010	CuO	79.545	HgI_2	454.40
CaO	56.077	Cu_2O	143.091	$Hg_2(NO_3)_2$	525.19
$CaCO_3$	100.087	CuS	95.612	$Hg(NO_3)_2$	324.60
CaC_2O_4	128.098	$CuSO_4$	159.610	HgO	216.59
$CaCl_2$	110.983	$FeCl_2$	126.750	HgS	232.66
CaF_2	78.075	$FeCl_3$	162.203	$HgSO_4$	296.65
$Ca(NO_3)_2$	164.087	$Fe(NO_3)_3$	241.862	Hg_2SO_4	497.24
$Ca(OH)_2$	74.093	FeO	71.844	$KAl(SO_4)_2\cdot12H_2O$	474.391
$Ca_3(PO_4)_2$	310.117	Fe_2O_3	159.688	$KB(C_6H_5)_4$	358.332
$CaSO_4$	136.142	Fe_3O_4	231.533	KBr	119.002
$CdCO_3$	172.420	$Fe(OH)_3$	106.867	$KBrO_3$	167.000
$CdCl_2$	183.316	FeS	87.911	KCl	74.551
CdS	144.447	Fe_2S_3	207.87	$KClO_3$	122.549
$Ce(SO_4)_2$	332.24	$FeSO_4$	151.909	$KClO_4$	138.549
CH_3COOH	60.05	$Fe_2(SO_4)_3$	399.881	KCN	65.116
CH_3OH	32.04	H_3AsO_3	125.944	KSCN	97.182
CH_3COCH_3	58.08	H_3AsO_4	141.944	K_2CO_3	138.206
C_6H_5COOH	122.12	H_3BO_3	61.833	K_2CrO_4	194.191
$K_2Cr_2O_7$	294.185	$(NH_4)_2HCO_3$	79.056	$PbCO_3$	267.2

$K_3Fe(CN)_6$	329.246	$(NH_4)_2MoO_4$	196.04	$PbCl_2$	278.1
$K_4Fe(CN)_6$	368.347	NH_4NO_3	80.043	$PbCrO_4$	323.2
$KHC_2O_4 \cdot H_2O$	146.141	$(NH_4)_2HPO_4$	132.055	$Pb(CH_3COO)_2$	325.3
$KHC_2O_4 \cdot H_2C_2O_4 \cdot 2H_2O$	254.20	$(NH_4)_2S$	68.143	$Pb(CH_3COO)_2 \cdot 3H_2O$	427.3
$KHC_4H_4O_6$	188.178	$(NH_4)_2SO_4$	132.141	PbI_2	461.0
$KHSO_4$	136.170	Na_3AsO_3	191.89	$Pb(NO_3)_2$	331.2
KI	166.003	$Na_2B_4O_7$	201.220	PbO	223.2
KIO_3	214.001	$Na_2B_4O_7 \cdot 10H_2O$	381.373	PbO_2	239.2
$KIO_3 \cdot HIO_3$	389.91	$NaBiO_3$	279.968	Pb_3O_4	685.6
$KMnO_4$	158.034	$NaBr$	102.894	$Pb_3(PO_4)_2$	811.5
$KNaC_4H_4O_6 \cdot 4H_2O$	282.221	$NaCN$	49.008	PbS	239.3
KNO_3	101.103	$NaSCN$	81.074	$PbSO_4$	303.3
KNO_2	85.104	Na_2CO_3	106.0	SO_3	80.064
K_2O	94.196	$Na_2CO_3 \cdot 10H_2O$	286.142	SO_2	64.065
KOH	56.105	$Na_2C_2O_4$	134.000	$SbCl_3$	228.118
K_2SO_4	174.261	$NaCl$	58.443	$SbCl_5$	299.024
$MgCO_3$	84.314	$NaClO$	74.442	Sb_2O_3	291.518
$MgCl_2$	95.210	NaI	149.894	Sb_2S_3	339.718
$MgC_2O_4 \cdot 2H_2O$	148.355	NaF	41.988	SiO_2	60.085
$Mg(NO_3)_2 \cdot 6H_2O$	256.406	$NaHCO_3$	84.007	$SnCO_3$	178.82
$MgNH_4PO_4$	137.82	Na_2HPO_4	141.959	$SnCl_2$	189.615
MgO	40.304	NaH_2PO_4	119.997	$SnCl_4$	260.521
$Mg(OH)_2$	58.320	$Na_2H_2Y \cdot 2H_2O$	372.240	SnO_2	150.709
$Mg_2P_2O_7 \cdot 3H_2O$	276.600	$NaNO_2$	68.996	SnS	150.776
$MgSO_4 \cdot 7H_2O$	246.475	$NaNO_3$	84.995	$SrCO_3$	147.63
$MnCO_3$	114.947	Na_2O	61.979	SrC_2O_4	175.64
$MnCl_2 \cdot 4H_2O$	197.905	Na_2O_2	77.979	$SrCrO_4$	203.61
$Mn(NO_3)_2 \cdot 6H_2O$	287.040	$NaOH$	39.997	$Sr(NO_3)_2$	211.63
MnO	70.937	Na_3PO_4	163.94	$SrSO_4$	183.68
MnO_2	86.937	Na_2S	78.046	TiO_2	79.866
MnS	87.004	Na_2SiF_6	188.056	$UO_2(CH_3COO)_2 \cdot 2H_2O$	422.13
$MnSO_4$	151.002	Na_2SO_3	126.044	WO_3	231.84
NO	30.006	$Na_2S_2O_3$	158.11	$ZnCO_3$	125.40
NO_2	46.006	Na_2SO_4	142.044	$ZnC_2O_4 \cdot 2H_2O$	189.44
NH_3	17.031	$NiC_8H_{14}O_4N_4$ (丁二酮肟合镍)	288.92	$ZnCl_2$	136.29
$MH_3 \cdot H_2O$	35.046			$Zn(CH_3COO)_2$	183.48
NH_4Cl	53.492	$NiCl_2 \cdot 6H_2O$	237.689	$Zn(NO_3)_2$	189.40
$(NH_4)_2CO_3$	96.086	NiO	74.692	$Zn_2P_2O_7$	304.72
$(NH_4)_2C_2O_4$	124.10	$Ni(NO_3)_2 \cdot 6H_2O$	290.794	ZnO	81.39
$NH_4Fe(SO_4)_2 \cdot 12H_2O$	482.194	NiS	90.759	ZnS	97.46
$(NH_4)_3PO_4 \cdot 12MoO_3$	1876.35	$NiSO_4 \cdot 7H_2O$	280.863	$ZnSO_4$	161.45
NH_4SCN	76.122	P_2O_5	141.945		
		PbC_2O_4	295.2		

附录二　一些难溶化合物的溶度积（25℃）

分 子 式	K_{sp}	pK_{sp}	分 子 式	K_{sp}	pK_{sp}
AgBr	5.0×10^{-13}	12.3	$Cu(OH)_2$	2.2×10^{-20}	19.66
AgCN	1.2×10^{-16}	15.92	$Fe(OH)_2$	4.87×10^{-17}	16.31
AgCl	1.8×10^{-10}	9.75	$Fe(OH)_3$	2.64×10^{-39}	38.58
Ag_2CrO_4	1.1×10^{-12}	11.96	$MgCO_3$	6.82×10^{-6}	5.17
AgI	8.5×10^{-17}	16.07	$Mg(OH)_2$	1.8×10^{-11}	10.74
AgSCN	1.0×10^{-12}	12.0	$MnCO_3$	1.8×10^{-11}	10.74
$Al(OH)_3$	1.3×10^{-33}	32.89	$Mn(OH)_2$	1.9×10^{-13}	12.72
$BaCO_3$	5.1×10^{-9}	8.29	$Ni(OH)_2$（新）	2.0×10^{-15}	14.7
$BaCrO_4$	1.2×10^{-10}	9.92	$PbCO_3$	7.4×10^{-14}	13.13
$Ba(OH)_2$	5.0×10^{-3}	2.3	$PbCrO_4$	2.8×10^{-13}	12.55
$BaSO_4$	1.1×10^{-10}	9.96	PbI_2	7.1×10^{-9}	8.15
$CaCO_3$	2.8×10^{-9}	8.55	$Pb(OH)_2$	1.42×10^{-20}	19.85
CaC_2O_4	4.0×10^{-9}	8.4	PbS	3×10^{-28}	27.52
$Ca(OH)_2$	5.5×10^{-6}	5.26	$PbSO_4$	1.6×10^{-8}	7.8
$Cr(OH)_3$	6.3×10^{-31}	30.2	$Zn(OH)_2$	1.2×10^{-17}	16.92
CuI	1.1×10^{-12}	11.96	ZnS	2.0×10^{-25}	24.7

附录三　标准电极电位（25℃）

半 反 应	$\varphi^{\ominus}/V$	半 反 应	$\varphi^{\ominus}/V$
$F_2(气) + 2H^+ + 2e = 2HF$	3.06	$Mo(Ⅵ) + e = Mo(Ⅴ)$	0.53
$O_3 + 2H^+ + 2e = O_2 + 2H_2O$	2.07	$Cu^+ + e = Cu$	0.52
$BrO_3^- + 6H^+ + 5e = \frac{1}{2}Br_2 + 3H_2O$	1.52	$Cu^{2+} + e = Cu^+$	0.519
$MnO_4^- + 8H^+ + 5e = Mn^{2+} + 4H_2O$	1.51	$Sn^{4+} + 2e = Sn^{2+}$	0.154
$PbO_2(固) + 4H^+ + 2e = Pb^{2+} + 2H_2O$	1.455	$2H^+ + 2e = H_2$	0.000
$Cr_2O_7^{2-} + 14H^+ + 6e = 2Cr^{3+} + 7H_2O$	1.33	$Ni^{2+} + 2e = Ni$	-0.246
$Br_2(水) + 2e = 2Br^-$	1.087	$As + 3H^+ + 3e = AsH_3$	-0.38
$VO_2^+ + 2H^+ + e = VO^{2+} + H_2O$	1.00	$Fe^{2+} + 2e = Fe$	-0.440
$H_2O_2 + 2e = 2OH^-$	0.88	$S + 2e = S^{2-}$	-0.48
$Fe^{3+} + e = Fe^{2+}$	0.771	$Zn^{2+} + 2e = Zn$	-0.763
$O_2(气) + 2H^+ + 2e = H_2O_2$	0.682	$2H_2O + 2e = H_2 + 2OH^-$	-8.28
$MnO_4^- + 2H_2O + 3e = MnO_2 + 4OH^-$	0.588	$Mn^{2+} + 2e = Mn$	-1.182
$MnO_4^- + e = MnO_4^{2-}$	0.564	$Al^{3+} + 3e = Al$	-1.66
$I_3^- + 2e = 3I^-$	0.545	$Na^+ + e = Na$	-2.71

附录四　常用酸碱溶液的密度和浓度

溶液名称	密度 ρ/(g/cm³)	质量分数/%	物质的量浓度/(mol/L)
浓硫酸	1.84	95~96	18
浓盐酸	1.19	38	12
浓硝酸	1.40	65	14
浓氢氟酸	1.13	40	23
冰醋酸	1.05	99~100	17.5
浓氨水	0.88	35	18
浓氨水	0.91	25	13.5

附录五　部分酸在水溶液中的解离常数（25℃）

名称	化学式	K_a	pK_a
碳酸	H_2CO_3	$4.2\times10^{-7}(K_1)$	6.38
		$5.6\times10^{-11}(K_2)$	10.25
硫酸	H_2SO_4	$1.0\times10^3(K_1)$	−3.0
		$1.02\times10^{-2}(K_2)$	1.99
甲酸	HCOOH	1.8×10^{-4}	3.75
乙酸	CH_3COOH	1.74×10^{-5}	4.76
氢氟酸	HF	6.61×10^{-4}	3.18
高碘酸	HIO_4	2.8×10^{-2}	1.56
草酸	$(COOH)_2$	$5.4\times10^{-2}(K_1)$	1.27
		$5.4\times10^{-5}(K_2)$	4.27
苯酚	C_6H_5OH	1.1×10^{-10}	9.96

附录六　部分碱在水溶液中的解离常数（25℃）

名称	化学式	K_b	pK_b
氨水	$NH_3\cdot H_2O$	1.78×10^{-5}	4.75
尿素(脲)	$CO(NH_2)_2$	1.5×10^{-14}	13.82
三乙醇胺	$(HOCH_2CH_2)_3N$	5.75×10^{-7}	6.24
吡啶	C_5H_5N	1.48×10^{-9}	8.83
六亚甲基四胺	$(CH_2)_6N_4$	1.35×10^{-9}	8.87
8-羟基喹啉	HOC_9H_6N	6.5×10^{-5}	4.19

参 考 文 献

[1] 胡伟光，张文英主编. 定量化学分析实验. 第 2 版. 北京：化学工业出版社，2009.

[2] 黄一石，乔子荣. 定量化学分析. 第 2 版. 北京：化学工业出版社，2009.

[3] 邢文卫，陈艾霞编. 分析化学实验. 第 2 版. 北京：化学工业出版社，2007.

[4] 武汉大学编. 分析化学. 第 4 版. 北京：高等教育出版社，1998.

[5] 于世林，苗凤琴编. 分析化学. 北京：化学工业出版社，2001.

[6] 湖南大学组织编写. 化学分析. 北京：中国纺织出版社，2008.

[7] 刘珍主编. 化验员读本. 第 4 版. 北京：化学工业出版社，2004.

[8] GB/T 601—2002. 化学试剂标准滴定溶液的制备.

[9] 顾明华主编. 无机物定量分析基础. 北京：化学工业出版社，2002.

[10] 钟彤主编. 分析化学. 第 2 版. 大连：大连理工大学出版社，2010.

[11] 王建梅，刘晓薇主编. 化学实验基础. 北京：化学工业出版社，2002.